U0255181

大 数 据 与 互 联 网 理 论 与 应 用 丛 书

BIG DATA

面向大数据聚类分析的 CFS算法

卜范玉◎著

CFS ALGORITHM FOR
BIG DATA CLUSTERING

内蒙古旅游大数据平台建设与关键技术创新
（项目编号：2020GG0105）

经济管理出版社
ECONOMY & MANAGEMENT PUBLISHING HOUSE

图书在版编目（CIP）数据

面向大数据聚类分析的 CFS 算法/卜范玉著 . —北京：经济管理出版社，2021.5
ISBN 978 - 7 - 5096 - 8005 - 6

Ⅰ.①面… Ⅱ.①卜… Ⅲ.①聚类分析—分析方法 Ⅳ.①0212.4

中国版本图书馆 CIP 数据核字（2021）第 100767 号

组稿编辑：王光艳
责任编辑：许　艳　姜玉满
责任印制：黄章平
责任校对：张晓燕

出版发行：经济管理出版社
　　　　　（北京市海淀区北蜂窝 8 号中雅大厦 A 座 11 层　　100038）
网　　　址：www. E - mp. com. cn
电　　　话：(010) 51915602
印　　　刷：唐山昊达印刷有限公司
经　　　销：新华书店
开　　　本：720mm × 1000mm/16
印　　　张：10
字　　　数：136 千字
版　　　次：2022 年 9 月第 1 版　　2022 年 9 月第 1 次印刷
书　　　号：ISBN 978 - 7 - 5096 - 8005 - 6
定　　　价：68.00 元

·版权所有　翻印必究·

凡购本社图书，如有印装错误，由本社发行部负责调换。
联系地址：北京市海淀区北蜂窝 8 号中雅大厦 11 层
电话：(010) 68022974　　邮编：100038

前　言

随着物联网、电子商务和社交网络的迅速发展，大数据时代已经到来。大数据应用已经逐步渗透到医疗、工业和教育等领域。如何从大数据中快速地挖掘有价值的知识，对未来的趋势进行正确的预测，已成为各个领域的重点研究课题。

作为大数据挖掘和学习的典型技术，聚类算法能够根据数据对象间的相似性，将数据集中的对象划分成多个簇，使得同一簇内数据对象的相似性高，不同簇内数据对象的相似性低。聚类技术已经广泛应用于防止金融欺诈、医疗诊断、图像处理和信息检索等领域。CFS（Clustering by fast search and find of density peaks）是 Alex 和 Alessandro 于 2014 年在 *Science* 杂志提出的最新聚类算法，该算法聚类结果精确、效率高，已成为数据挖掘领域和机器学习最具潜力的聚类算法之一。然而，大数据的海量性、实时性和异构性特点对 CFS 聚类算法提出了严峻挑战。为了提升 CFS 聚类算法在大数据领域聚类的有效性，本书围绕国家自然科学基金"面向三旧改造的多源异构大数据管理分析与挖掘研究"（编号：U1301253）展开相关研究，针对大数据的海量性、异构性和实时性三个特点，对 CFS 聚类算法进行以下几个方面的深入研究。

其一，基于自适应 Dropout 模型的高阶 CFS 聚类算法。针对大数据的异构性特征，提出基于 Dropout 模型的高阶 CFS 聚类算法。首先，设计自适应的 Dropout 模型，学习各类型数据的特征。其次，利用向量的外积操作将学习到的特征进行关联，形成对象的特征张量。最后，将 CFS 聚类算法从向量空间扩展到张量空间，实现高阶 CFS 聚类算法。为了充分捕捉异构数据在高阶张量空间中的特征，本书采用张量距离度量数据对象之间的相似性。实验结果表明，提出的算法不但能够提高数据特征学习的有效性，而且能够有效地对异构数据进行聚类。

其二，支持隐私保护的云端安全 CFS 聚类算法。针对大数据的海量性特征，提出支持隐私保护的云端安全 CFS 聚类算法。为了提高高阶 CFS 聚类算法对海量数据聚类的效率，将算法的主要运算放在云端执行，充分利用云端强大的运算能力。然而直接将数据推送到云端，会泄露大数据的隐私。为此，采用全同态加密方案对数据进行加密，设计云端安全反向传播算法，高效地学习大数据的特征；设计支持隐私保护的高阶 CFS 聚类算法，实现云端安全聚类，保证数据在云计算环境下的隐私和安全。实验结果表明，本书提出的方案能够充分利用云计算强大的运算能力提高聚类效率，同时能够保护大数据在云端的敏感信息。

其三，增量式 CFS 聚类算法。针对大数据聚类的实时性要求，提出两种增量式 CFS 聚类算法：基于单个数据对象更新的增量式 CFS 聚类算法和基于批量数据更新的增量式 CFS 聚类算法。在基于单个数据对象更新的增量式 CFS 聚类算法中，利用 K-mediods 算法对原始聚类中心进行快速更新。基于批量数据更新的增量式 CFS 聚类算法首先对新增数据集进行独立聚类，通过簇的合并和新建操作，将新增数据聚类结果以增量式方法融入原始聚类结果中，实现整个数据集的增量式聚类。实验结果表明，增量式 CFS 聚类能在保持聚类正确率的基础上，提高聚类效率，在一定程度上能够满足大数据聚类的实时性要求。

其四，基于改进 CFS 聚类算法的不完整数据填充算法。针对当前的 CFS 聚类算法难以有效地对不完整大数据进行聚类的问题，提出基于部分距离策略的可能性聚类算法。将部分距离策略引入 CFS 聚类算法，利用部分距离策略度量不完整数据对象的相似性，对不完整数据集进行聚类，进而利用聚类结果对不完整数据进行填充，提高填充效果。实验结果表明，提出的算法不仅能够对不完整大数据进行聚类，而且能够提高不完整数据填充精度。

目　录

第一章

绪　论

第一节　问题提出与研究意义

随着物联网、社交网络及电子商务等领域的飞速发展，如今人们采集到的数据量正在飞速增长。例如，美国国家安全局（NSA）报道，2014年网络每天处理的数据量达到1800PB。国际数据公司（IDC）调查数据显示，全球产生的数据总量在2010年首次突破了1ZB。可见，大数据时代已经到来。

如今，大数据正逐步受到科学家、政府官员和商业人士的重视，已经成为学术界和工业界的热点研究课题。以学术界为例，世界顶级期刊 *Nature* 和 *Science* 分别在2008年和2011年推出大数据专刊，围绕着科学研究中大数据的问题展开讨论。荷兰著名的学术出版机构 *Elsevier*、美国电气和电子工程师协会IEEE分别针对大数据研究推出专门的学术期刊，即 *Journal of Big Data Research* 和 *IEEE Transactions on Big Data*。除此之外，世界顶级学术会议 KDD、

ICDE 和 SIGMOD 在近两年的会议中，分别举办专门针对大数据的 Workshops，为全球科研人员提供大数据学术交流平台。可见大数据在学术研究中的重要性。根据全球最具权威的信息技术咨询公司 Gartner 在 2019 年的技术成熟度曲线报告的预测（见图 1-1），在近几年里，大数据科学与工程技术已成为最热门的研究课题（韩晶，2013）。如今，大数据正处于其研究的高峰期。

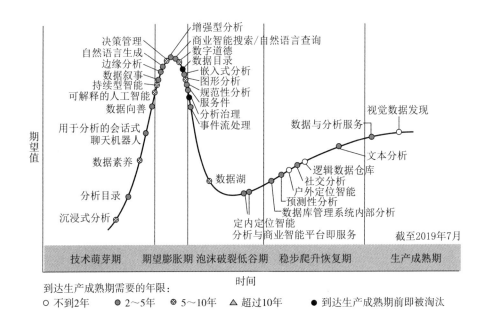

图 1-1　Gartner 技术成熟度

不仅在学术界，而且在政府部门大数据也同样受到极大的重视和关注。世界各国政府已经将大数据发展上升到国家发展战略。例如，2012 年初，美国颁布《大数据研究和发展倡议》，为大数据科学与技术的研究投资 2 亿美元，该计划使大数据上升到美国国家战略层面。同年 5 月，联合国发布大数据报告，分析了全球不同国家和地区在大数据时代将迎接的机遇，同时阐述了在数据飞速增长的背景下，信息领域面临的技术挑战（UN Global Pulse，2012）。

英国政府在 2013 年 1 月投入 1.89 亿英镑用来发展大数据技术。2013 年 6 月，日本政府也提出了以发展开放公共数据和大数据为核心的日本新 IT 国家战略。2014 年 3 月，李克强总理在政府工作报告中指出，要在大数据等方面赶超先进，引领未来产业发展。在商业领域，麦肯锡公司在 2011 年中期发布了大数据研究报告，详细阐述了大数据科学与技术面临的关键科学问题、工程挑战与技术难点，分析了大数据给商业领域、工业领域、教育领域等将带来的重大影响。报告明确指出，大数据将成为新一代信息引领技术，给生产和制造带来巨大的动力（Manyika et al.，2011）；与此同时，世界著名的 IT 企业，如 Google、微软、IBM、百度等，纷纷成立大数据研究中心，试图通过大数据的研究使自身的核心竞争力取得重大突破和飞跃。

随着大数据的深入研究，大数据的应用领域也在不断扩展。在农业领域，各国气象部门根据历史积累的气象数据与农业数据，分析气象、地质情况和农业生产之间的联系，为未来一年内的气候进行准确预测，结合不同地区的土质，对适合种植的农作物进行决策和推荐，有效提高农业的产量。在商业领域，Walmart 收集各种采购与销售数据，从采集的数据中分析客户的购物倾向，对客户进行分类，向客户进行个性化推荐。在金融领域，阿里巴巴对网络上的各种交易数据进行收集，根据收集的数据分析各个企业的信誉情况，对各个企业进行信誉评估，根据评估结果，为企业发放相应的贷款。实践表明，这一策略大大降低了阿里巴巴贷款的坏账率。在医疗保健领域，基于对人体基因的大数据分析，可以实现对症下药的个性化治疗，追踪疾病传播状况等（覃雄派等，2012）。

尽管大数据在研究与应用方面已经取得了巨大的进展，但是对大数据仍然没有一个公认的定义。不同的学者从不同角度给大数据下了一些定义，其中具有代表性的是根据大数据的四个本质特征对大数据进行定义，也称 4V 定义，即大数据具备规模性（Volume）、多样性（Variety）、高速性（Velocity）

和价值性（Value）（Wu et al.，2014）。其中规模性是指大数据的数据量巨大，量级可达到 TB 级、PB 级甚至 EB 级，正如 IDC 的研究报告中指出的一样，在未来五年里，世界上所有的数据量将达到 40ZB，届时全世界需要数百亿个 TB 级的硬盘对全球的数据进行储存。多样性是指大数据的来源多样、类型复杂。例如，网络和移动设备产生的多媒体数据包括大量的静态图片、视频和语音流，图形和动画及半结构化的网页数据。大数据同时包含结构化数据、半结构化数据和非结构化数据等多种类型的数据。值得注意的是，在大数据中，半结构化数据和非结构化数据已占据整个数据量的 70% 以上（马帅等，2012）。高速性是指大数据以极高的速度产生，并且要求得到实时的分析和处理。换句话说，大数据对分析和处理速度要求高，需要对大数据进行高效的分析和处理，满足大数据的实时性要求。价值性是指大数据的价值呈现稀疏性，体现为大数据中存在大量的不正确数据、不精确数据、不完全数据、过时陈旧数据或者重复冗余数据。其中又以不完全性最为明显，在美国企业中有 1%～30% 的公司数据存在各类错误和缺失数据，仅就医疗数据而言，就有 13.6%～81% 的关键数据遗缺，换句话说，大数据中存在着大量的不完整数据对象（李国杰，2012）。

数据的快速增长为许多行业带来宝贵的资源，同时也成为众多领域面临的严峻挑战。有效利用数据挖掘技术，发现大数据中隐藏的规律，挖掘大数据的潜在价值，从而预测未来的发展，将极大地促进全球经济及社会全面发展。作为数据挖掘的典型技术，聚类采用无监督学习的方式，根据数据对象间的相似性，将数据集划分成多个簇或者类别，使簇内数据对象之间的相似性尽可能地大，簇间数据对象的相似性尽可能地小。如今，聚类分析已经应用到诸多领域中。例如，在商务上，聚类能帮助市场分析人员从客户基本库中发现不同的客户群，并且用购买模式来刻画不同的客户群的特征。在生物学上，聚类能用于植物和动物的分类，对基因进行分类，获得对种群中固有结构的认识。聚类在对地球观测数据库中相似地区的确定、汽车保险单持有者的分组，以及根据房子的类型、价值和地理位置对一个城市中房屋的分组等方面都可以发挥作用。

经过数十年的发展，聚类技术已经取得了一系列的进展，多种典型的聚类算法相继被提出，如基于划分的聚类算法、基于层次的聚类算法、基于密度的聚类算法等。其中，CFS 聚类算法是 Alex 和 Alessandro 在 *Science* 杂志提出的最新聚类算法，该算法聚类结果精确、效率高（Rodriguez and Laio，2014）。此算法一经提出，便成为广大研究人员的关注重点，并成为数据挖掘和机器学习领域最具潜力的聚类算法之一。然而 CFS 聚类算法在大数据挖掘方面还面临着许多科学挑战，主要体现在以下几个方面：

第一，大数据具有高度的异构性，即大数据来源广泛、类型多样，同时包含多种异构数据。CFS 聚类算法工作在向量空间，只能对单一类型数据进行聚类，无法对异构数据进行聚类。

第二，大数据具有高度动态变化的特性，要求能够对新增数据进行实时处理。然而 CFS 算法属于静态聚类算法，无法实时地对新增数据进行聚类。

第三，大数据具有海量性特征。大数据的海量性使 CFS 算法仅靠单个服务器无法完成聚类任务。为了提高 CFS 聚类算法对海量数据聚类的性能，需要充分利用云计算技术对 CFS 算法进行优化。然而直接利用云计算优化 CFS 聚类算法，会泄露数据的隐私和降低安全性。

第四，大数据中含有大量的不完整数据。CFS 聚类算法只能针对高质量的数据进行聚类，无法对不完整数据进行聚类。

本书结合大数据的特征，针对 CFS 聚类算法在大数据聚类挖掘方面的不足展开研究工作。首先，设计自适应 Dropout 模型，学习各类数据的特征，利用向量外积操作将学到的特征进行关联，将 CFS 聚类算法从向量空间扩展到张量空间，实现针对异构数据聚类的高阶 CFS 聚类算法。其次，针对大数据数据规模巨大与实时性要求高的特点，设计增量式 CFS 聚类算法，通过聚类的新建和合并操作，将新增数据的聚类结果与原始聚类结果进行合并，快速更新整个数据集的聚类结果，最大程度地满足大数据聚类的实时性要求。为了能够充分利用云计算的强大运算能力，本书设计了支持隐私保护的云端安全 CFS 聚类算法，利用同态加密算法对数据进行加密，使得云计算能够在密文上执行高阶 CFS 聚类算法，提高大数据特征学习的效率，同时保证大数据在云端的隐私和安全。最后，将部分距离策略应用到 CFS 聚类算法中，利用部分距离策略度量不完整数据对象间的相似性，实现基于部分距离策略的 CFS 聚类算法，使其能够对不完整数据集进行聚类。

第二节　国内外相关研究进展

一、聚类算法概述

聚类是一个无监督的学习过程，根据样本之间的某种距离在无监督条件下的聚簇过程。假设数据集 X 具有 t 个数据对象，即 $X = \{x_1, x_2, \cdots, x_t\}$。每个数据对象具有 m 个属性，即属性集为 $A = \{a_1, a_2, \cdots, a_t\}$。那么每个数据对象可以被 m 个属性表示。例如，对于一幅 $R^{28 \times 28}$ 的图像可以被 576 个像素表示，也就是说，对于这样一幅图像，属性集 A 中的每个属性代表一个像素。

聚类的目标是根据数据对象之间的相似度，将整个数据集划分成多个簇，每个簇内对象的相似性大，簇间对象的距离更大。例如，对于一个 Web 文档数据集而言，假设每篇文档同时包含文本、图像和语音等内容，聚类的目标是根据文本特征、图像特征和语音特征的相似性，鉴别出哪些文档相似，哪些文档具有明显的差别。

在数据挖掘中，针对不同问题，通常要求聚类满足不同的条件（张建萍，2014）。总体来说，大致如下：

其一，聚类算法具有可伸缩性。一个聚类算法不仅能够对小数据集进行有效聚类，而且能够在大规模数据集上完成高质量聚类。

其二，算法能够发现任意形状的簇。一个聚类算法不仅能够在凸面形状的数据集上执行有效的聚类，而且能够对非凸形状的数据集进行聚类。

其三，算法能够对各种类型数据进行聚类。许多算法被设计用来聚类数值类型的数据，但是应用可能要求聚类其他类型的数据，如二元类型（binary）、分类/标称类型（categorical/nominal）、序数型（ordinal）数据，或者这些数据类型的混合。

其四，算法应该具有鲁棒性。一个聚类算法能够对用户输入的初始参数具有良好的鲁棒性。

其五，算法能够处理"噪声"。绝大多数现实中的数据库都包含了孤立点、缺失或者错误的数据。因此，一个算法应该能够对含有噪声的数据进行聚类。

其六，算法能够对高维数据进行聚类。聚类算法应用非常广泛，已经渗透到各个领域中。在商业上，聚类可以帮助市场分析人员从消费者数据库中区分出不同的消费群体，并且概括出每一类消费者的消费模式或者习惯。它作为数据挖掘中的一个模块，可以作为一个单独的工具以发现数据库中分布的一些深层信息，并且概括出每一类的特点，或者把注意力放在某一个特定的类上以做进一步分析；聚类分析也可以作为数据挖掘算法中其他分析算法的一个预处理步骤。

二、典型的聚类算法

自从聚类概念被提出来以后，多种聚类算法被相继提出。通常而言，聚类算法的选择依赖于应用需求和应用背景。典型的聚类算法可以分为以下几种：基于划分的聚类算法、基于层次的聚类算法、基于密度的聚类算法、基于网格的聚类算法和基于相似性矩阵的聚类算法等（白亮，2012）。在本节中，将对这几种典型的聚类算法及代表性算法进行介绍。

1. 基于划分的聚类算法

基于划分的聚类算法主要是以对象与对象之间或对象与类之间的距离为基础建立数据集的一个单层划分。基于划分的聚类算法首先定义一个聚类目标函数，通过反复迭代运算，逐步求解其目标函数的最优值，当算法达到某一约束条件时，得到最终聚类结果。聚类目标函数通常是一个类内相似性或类间相似性总和函数。最具有代表性的基于划分的聚类算法是 K-Means 聚类算法（MacQueen，1967），由于其简单、易实现被广泛应用于大型数据聚类中。然而由于 K-Means 聚类算法的表现往往会受到噪声数据、聚类形状、类之间的重叠性和初始点选择等问题的影响，许多改进算法也已相继被提出。例如，为了解决类之间的重叠性，Solomon 和 Bezdek（1980）提出了基于模糊理论的模糊 K-Means 聚类算法，Krishnapuram 和 Keller（1993）提出了基于可能性的 K-Means聚类算法，它们现都已成为图像分割中被广泛使用的方法。然而这些算法引入了模糊因子，其选择对聚类结果有着重要的影响，纳跃跃和于剑（2013）对其进行了研究，并给出了一些选择合适模糊因子值的依据和指导方法。除此之外，人们还提出了期望最大化算法（EM）。该算法是对 K-Means聚类算法的扩展，假设每一个类都能够在数学上表示为一个参数概率分布，并通过计算对象属于某一个类的概率值来反映对象对该类的归属。也就是说，

EM 算法将聚类问题转换成了一个求解最大似然问题。为了处理噪声数据，在 ISODATA 和 PAM 算法中采用最接近于聚类中心（类均值）的数据点作为类的中心以增强 K-Means 聚类算法的鲁棒性。然而，这样的改进也带来了较高的执行代价。为了能有效地识别不同形状的类，基于核函数的 K-Means 聚类算法也已被发展，但是也带来了核函数选择问题。为了有效地解决初始类中心选择问题，一些全局优化算法也已被提出，其中典型的有 Tzortzis 和 Likas（2008）所提出的快速全局 K-Means 聚类算法（FGKM）及其若干个改进算法。

2. 基于层次的聚类算法

与基于划分的聚类模型不同，该模型将数据集分解成若干层的聚类结果，从而使类形成一个层次化的结构。每一层的分解过程可以用树形图来表示，其分解方式也可以分为凝聚（agglomerative）和分裂（division）两种。凝聚方式也被称为自底向上的方法，一开始将每个对象作为单独的一个类，然后不断地合并相近的类。分裂方式也被称为自顶向下的方法，一开始将所有的对象置于一个类中，在迭代的每一步中，一个类被不断地分裂为更小的类。相对于基于划分的聚类算法，基于层次的聚类算法不需要指定聚类数目，在凝聚或者分裂的层次聚类算法中，用户可以定义希望得到的聚类数目作为一个约束条件。层次聚类模型是以类之间的距离为基础的，根据类间的相似度大小对类进行合并或分解，不同的相似测度可能导致不同的聚类算法，如基于 Single-Linkage、Complete-Linkage、Average-Linkage 等的聚类算法。层次模型的优点是层次化过程对某些应用有必要，聚类过程直观；不足之处是类的形成过程代价高昂。为了解决其时间效率问题，BRICH 算法是专门针对大规模数据集提出的凝聚层次聚类算法。该算法引入了聚类特征和聚类特征树对数据进行压缩，不但减少了需要处理的数据量，而且压缩后的数据能够满足 BRICH 聚类过程的全部信息需要。但是 BRICH 算法仅适用于数据分布为球形的情况，且该算法对数据的输入顺序敏感。CURE 算法突破 BRICH 算法受到数据分布形状的限制，能够处理大小差别大、球形和非球形等许多复杂形状的聚类，并且在处理孤立点上也更加健壮。然而，该算法对用户输入的参数十分敏感。

以上所介绍的算法都是层次聚类算法的经典算法。由于层次聚类的思想较为简单，但算法复杂度相对较高，应用到大型数据库中都不是很理想，而且簇的有效性主要用来决定在大型数据量中最优簇的数目，底层的簇既小又与其他簇非常接近，这就使得最终结果的有效性受到限制。当然，研究人员也提出了新的改进方案。例如，郭晓娟等（2008）提出的基于部分重叠划分的改进方法主要思想是把聚类分为两个阶段：第一个阶段将数据分配到 P 个重叠的单元，然后每个单元获得最接近点对，如果点对的距离小于单元的分离距离则合并为一个点，这其实是凝聚的过程。第二个阶段就是利用传统的聚类算法合并余下的簇。该改进算法思路与 Chameleon 算法接近，通过实验可知，其可减小算法复杂度，并能发现自然簇。Chameleon 算法是与图论结合较为紧密的算法，它的基本思想就是把数据对象看作图中的节点，再按照图论中划分和合并的思想来聚类，主要是根据内容互连性和外部相似度来考虑。当然，Chameleon 算法也有其不足之处：k - 最近邻图中的 k 需要人工设置，最小二等分的选取也比较困难，还有相似度函数的阈值也需要人工给定等。这都使得该算法需要设置过多参数，影响了算法的准确度和有效性。龙真真等人提出了一种改进的 Chameleon 算法，把表示数据节点的图转化为一个以距离为基础的加权图，然后引入模块度的概念对加权图进行合理分割，并按照结构相似度再合并。该算法没有使用任何参数设定，增强了 Chameleon 算法的可行性和先进性，聚类效果也很好。

3. 基于密度的聚类算法

基于密度的聚类算法能够发现任意形状的簇，解决了基于划分方法中只能发现球状簇的缺点，其主要思想：只要邻近区域的密度超过某个阈值，就继续聚类，即对给定类中的每个数据点，在一个给定范围的区域中必须至少包含某个数目的点。典型的基于密度的聚类算法包括 DBSCAN、OPTICS、DENCLUE 等。

DBSCAN 算法可将足够高密度的区域划分为簇，并在带有"噪声"的空间数据库发现任意形状的聚类。在 DBSCAN 算法形成的聚类结果中，一个基于密度的簇是基于密度可达性的最大密度相连对象的集合，不包含在任何簇中的对象被认为是"噪声"。

OPTICS 算法由 Ankerst 等进行了发展和推广，该算法没有显式地产生一个数据集合簇，它通过计算得到簇次序，该次序代表了数据基于密度的聚类结构。该方法解决了 DBSCAN 算法中对输入参数 MinPts 和 Eps 的选择敏感性问题，适合进行自动和交互的聚类分析。但是它不能显式地产生簇，并且不能划分具有相似密度的簇。山谷搜索算法是基于图理论的聚类方法。该方法的思想是把每个数据点与其邻域内具有较高密度的另一个点相连接，由此可得森林，森林中每棵树表示一个簇，树的根节点密度最大，叶子节点的密度最小。OPTICS算法与 DBSCAN 算法的复杂度相同。

DENCLUE 算法是一种基于一组密度分布函数的聚类算法。它用影响函数来描述一个数据点在邻域内的影响；数据空间的整体密度被模型化为所有数据点的影响函数的总和；聚类通过确定密度吸引点来得到。密度吸引点是全局密度函数的局部最大。DENCLUE 算法对于包含大量"噪声"的数据集合，具有良好的聚类效果；对高维数据集合任意形状的聚类给出了简单的数学描述；该算法的执行效率明显高于 DBSCAN。该算法的最大缺点是要求对密度参数和噪声阈值进行人工输入及选择，而该参数的选择会严重影响聚类结果的质量。

尽管基于密度的聚类算法能够发现任意形状的簇，并能区分噪声，但是还存在以下不足：当簇的中心点彼此相邻接时，该方法可能会把一些有意义的簇划分成很多的子簇，即产生"溢出"现象；簇的边界点与孤立点可能出现混淆的问题，一些簇可能呈现出中心点密集而边界点稀疏的分布，因为边界点的密度低，可能会把这样的点当成"噪声"来处理。为解决这一类问题，Wang 等（2011）提出一种基于水平集思想聚类的算法。他们在该算法中构造了一个新的初始边界公式，通过水平集进化方法找到接近的簇中心点；提出了一个新的高效的密度函数 LSD 来进行进化演变，并通过山谷搜索算法来得到最终的聚类结果。

4. 基于网格的聚类算法

该模型是把对象空间量化为有限数目的单元，形成一个多分辨率的网络结构，所有的聚类都是在这个网络结构（即量化的空间）上进行。这种方法的主要优点是它的处理速度很快，适合于处理大规模性数据，其处理时间独立于数据对象的数目，只与量化空间中单元的数目有关。具有代表性的算法有STING（Vincent，2011）、WaveCluster（Rifai et al.，2011）等聚类算法。STING 将空间区域划分为不同级别分辨率的矩形单元，这些单元形成了一个层次结构，高层的低分辨率单元被划分为多个低一层的较高分辨率单元。从最底层的网格开始逐渐向上计算网格内数据的统计信息并存储。网格的建立完成后，就可以用类似 DBSCAN 的方法对网格进行聚类。STING 算法基于网格结构，有利于并行处理和增量更新，聚类效率很高。但是该算法聚类质量取决于网格结构最底层的粒度。较低的粒度使得计算代价显著增加，而过粗的粒度会降低聚类质量。此外，STING 在构建一个父单元时没有考虑子单元间的关系，导致所有聚类边界只能是水平的或竖直的，没有对角的边界，因此可能降低聚类的质量。WaveChister 算法首次将小波变换原理引入聚类分析中，使得类的边界变得更加清晰。该算法首先在数据空间上建立一个多维网格结构来汇总数据，然后对网格单元进行小波变换，通过搜索连通分支来发现类，即高频部分对应聚类的边界，低频部分对应聚类的内部。该算法能够高效地处理大数据集，发现任意形状的聚类，对噪声数据不敏感，但是它在处理高维数据时遇到了困难，其时间复杂度随着数据维数的增加而呈指数级增长。

5. 基于相似性矩阵的聚类算法

基于相似性矩阵的聚类算法不依赖于某种具体的相似或相异测度，而是首先假设存在某一个 n×n 相似性矩阵，基于此对数据集进行聚类。典型的基于相似性矩阵的聚类算法包括基于图的聚类算法、谱聚类算法和仿射传播聚类算法等。基于图的聚类算法是将每一个对象看作一个顶点，将相似矩阵中的每个元素看作点与点之间的权值，该算法将聚类问题转化为一个图的最大或最小分割问题。谱聚类算法是利用相似性矩阵构造拉普拉斯矩阵，并通过矩阵分解实现数据集之间的转换，最后利用 K-Means 算法对数据集在新空间上进行聚类。谱聚类算法从某种程度上看，并不是真正意义上的聚类算法。仿射传播聚类算法是由 Brendan 和 Delbert（2007）在 *Science* 上提出的一种基于相似性矩阵的消息传递算法。该算法的基本思想是初始时把每一个数据点都视为一个潜在的聚类中心。潜在的聚类中心之间有两种不同的消息在交换，一种为责任，另一种为可用性，同时每个数据点相对于自身的相似度为偏向参数，算法通过两种不同的消息不断更新和竞争达到平衡，最后计算责任和可用性之和的最大值来决定类代表点和划分。因为该算法不需要预先指定聚类数据和初试中心，所以得到学者的广泛关注。基于相似性矩阵的聚类算法虽然简单易操作，且聚类结果不受数据集密度与形状限制，但是算法的表现往往依赖于相似性矩阵的形成。

6. CFS 聚类算法

CFS 是 Alex 和 Alessandro 在 *Science* 杂志提出的最新聚类算法，该算法的核心思想在于对聚类中心的刻画上，即聚类中心同时满足以下两个特点：

其一，本身的密度大，即它的密度均不超过它的邻居包围；

其二，与其他密度更大的数据点之间的"距离"相对更大。

考虑待聚类数据集 $X = \{x_i\}_{i=1}^{N}$，$I_S = \{1, 2, \cdots, N\}$ 为相应的指标集，

$d_{ij} = dist(x_i, x_j)$ 表示数据对象 x_i 和数据对象 x_j 之间的距离，CFS 聚类算法为任意数据对象 x_i 定义两个指标 ρ_i 和 δ_i。

ρ_i 表示数据对象 x_i 的局部密度，计算方法如式（1-1）所示：

$$\rho_i = \sum_{j \in I_S / \{i\}} \chi(d_{ij} - d_c)$$

$$\chi(x) = \begin{cases} 1 & x < 0 \\ 0 & x \geq 0 \end{cases} \tag{1-1}$$

参数 $d_c > 0$ 表示截断距离，需事先指定。由式（1-1）可知，ρ_i 表示与数据对象 x_i 之间的距离小于 d_c 的数据对象的数目。

设 $\{q_i\}_{i=1}^N$ 表示 $\{p_i\}_{i=1}^N$ 的一个降序排列下标序，即它满足 $\rho_{q_1} \geq \rho_{q_2} \geq \cdots \geq \rho_{q_N}$，则 δ_i 定义如式（1-2）所示：

$$\delta_i = \begin{cases} \min_{j \in I_S^i} \{d_{ij}\}, & I_S^i \neq \varnothing \\ \max_{j \in I_S} \{d_{ij}\}, & I_S^i = \varnothing \end{cases} \tag{1-2}$$

其中，指标集为 $I_S^i = \{k \in I_S : \rho_k > \rho_i\}$。

由 δ_i 的定义可知，当数据对象 x_i 具有最大局部密度时，δ_i 表示与 x_i 距离最大的数据对象与 x_i 之间的距离；否则，δ_i 表示在所有局部密度大于 x_i 的数据对象中，与 x_i 距离最小的那个数据对象与 x_i 之间的距离。

为了确定聚类中心，定义指标 γ_i，其计算方法如式（1-3）所示：

$$\gamma_i = \rho_i \delta_i \tag{1-3}$$

显然，γ_i 越大的数据对象，越可能成为聚类中心。

CFS 聚类算法主要步骤如下：

步骤 1：计算数据集中每两个数据对象之间的距离；

步骤 2：确定截断距离 dc；

步骤 3：计算每个数据对象的 ρ 值；

步骤 4：计算每个数据对象的 δ 值；

步骤5：根据步骤4计算每个数据对象的 γ 值；

步骤6：根据 γ 值确定聚类中心，并根据数据对象与聚类中心的距离将各个数据对象划分到相应的类中。

CFS聚类算法不需要迭代运算，聚类效率高，实验结果表明该算法聚类结果精度高。因此，CFS算法自提出以来，受到研究人员的广泛关注，成为大数据挖掘领域最有潜力的聚类算法之一。然而，CFS聚类算法在大数据聚类挖掘领域存在以下几个缺点：

第一，大数据具有高度的异构性，即大数据来源广泛、类型多样，同时包含多种异构数据，而CFS聚类算法工作在向量空间，只能对单一类型数据进行聚类，无法对异构数据进行聚类。

第二，大数据具有高度动态变化的特性，要求能够对新增数据进行实时处理，然而CFS算法属于静态聚类算法，无法实时地对新增数据进行聚类。

第三，大数据具有海量性特征，大数据的海量性使得CFS算法仅靠单个服务器无法完成聚类任务。为了提高CFS聚类算法对海量数据聚类的性能，需要充分利用云计算技术对CFS算法进行优化。然而直接利用云计算优化CFS聚类算法，会泄露数据的隐私和降低安全性。

第四，大数据中含有大量的不完整数据。CFS聚类算法只能针对高质量的数据进行聚类，无法对不完整数据进行聚类。

三、聚类的有效性评价指标

聚类过程是一个无监督的学习过程，因为没有预先定义的分类或示例来表明数据集中哪种期望的关系是有效的，多数聚类算法依靠假设和猜测进行。因此如何用一种客观公正的质量评价方法来评判聚类结果的有效性是一个困难而复杂的问题。从广义上讲，聚类的有效性评价包括聚类质量的度量、聚类算法适合某种特殊数据集的程度，以及某种划分的最佳聚类数目。常用的聚类有效性评价方法包括外部评价法、内部评价法和相对评价法。外部和内部评价法均基于统计测试，具有较高的计算复杂性，这些方法中的有效性指数是为了度量一个数据集与预先已知结构的相符程度。相对评价法寻求一个聚类算法在一定假设和参数下能定义的最好聚类结果。

1. 外部评价法

外部评价法意味着评价聚类算法的结果是基于一种预先设定的结果。这种结构反映了人们对数据集聚类结构的直观认识。每个数据项的分类标记已知。下面介绍两种常用的外部评价法。

（1）F-measure 组合了信息检索中查准率与查全率的思想来进行聚类评价。一个聚类 j 及与此相应的分类 i 的查准率（precision）和查全率（recall）定义为：

$$P = precision(i, j) = N_{ij}/N_i$$
$$R = recall(i, j) = N_{ij}/N_j \qquad (1-4)$$

其中，N_{ij} 是在聚类 j 中分类 i 的数目；N_j 是聚类 j 中所有对象的数目；N_i 是分类 i 中所有对象的数目。分类 i 的 F-measure 定义为：

$$F(i) = 2PR/(P + R) \qquad (1-5)$$

对分类 i 而言，哪个聚类的 F-measure 值高，就认为该聚类代表分类 i 的映射。换句话说，F-measure 可看成分类的评判分值。对聚类结果来说，其总 F-measure 可由每个分类 i 的 F-measure 加权平均得到：

$$F = \sum_i [|i| \times F(i)] / \sum_i |i| \qquad (1-6)$$

其中，$|i|$ 表示分类 i 中所有对象的数目。

（2）Rand 指数和 Jaccard 系数。设数据集 X 的一个聚类结构为 $C = \{C_1, C_2, \cdots, C_M\}$，数据集划分为 $P = \{P_1, P_2, \cdots, P_S\}$，可通过比较 C 和 P 以及

邻近矩阵与 P 来评价聚类的质量。对数据集中任一点计算下列项：

SS：如果两个点属于 C 中同一簇，且在 P 中属于同一组；

SD：如果两个点属于 C 中同一簇，但在 P 中属于不同组；

DS：如果两个点不属于 C 中同一簇，而在 P 中属于同一组；

DD：如果两个点不属于 C 中同一簇，且在 P 中属于不同组。

设 a，b，c，d 分别表示 SS，SD，DS，DD 的数目，则 a + b + c + d = M 为数据集中所有对的最大数，即 M = N(N − 1)/2。其中，N 为数据集中点的总数。C 与 P 之间的相似程度可由 Rand 指数 R = (a + b)/M 和 Jaccard 指数 R = a/(a + b + c) 定义。

2. 内部评价法

内部评价法是利用数据集的固有特征和量值来评价一个聚类算法的结果，数据集的结构未知。

（1）Cophenetic 相关系数。对层次聚类算法来说，其层次图可用 Cophenetic 矩阵 P_c 表示，矩阵中元素 $P_c(i, j)$ 表示数据 x_i 和 x_j 首次在同一个簇中出现的邻近层，则可以定义一个相关系数来度量 P_c 与 P 邻近矩阵的相似程度：

$$CPCC = 1/\sqrt{[(1/M)\sum_{i=1}^{N-1}\sum_{j=i+1}^{N}(d_{ij}^2 - u_P^2)] \times}$$

$$[(1/M)\sum_{i=1}^{N-1}\sum_{j=i+1}^{N}(d_{ij}c_{ij} - u_p u_c)]/\sqrt{[(1/M)\sum_{i=1}^{N-1}\sum_{j=i+1}^{N}(c_{ij}^2 - u_c^2)]}$$

$$(1 - 7)$$

其中，M = N(N − 1)/2 为数据集中点的总数；u_p 和 u_c 分别是矩阵 P_c 与 P 的均值；d_{ij} 和 c_{ij} 分别是矩阵 P_c 与 P 中的元素。CPCC 的取值为 [−1, 1]，其接近于 0 时说明两个矩阵具有较大的相似性。

（2）Hubert's Γ 统计。对包含 k 个簇的单个聚类结果 C，其质量评价可通过比较 C 与邻近矩阵 P 之间的一致性程度进行。这个方法定义的指数为 Hubert's Γ 统计。

$$\Gamma = (1/M) \sum_{i=1}^{N-1} \sum_{j=i+1}^{N} X(i,j) Y(i,j) \qquad (1-8)$$

其中，X 为数据集矩阵；矩阵 Y 定义为：

$$Y(i,\ j) = \begin{cases} 1 & \text{如果 } x_i \text{ 和 } x_j \text{ 属于不同的数据集矩阵, } i,\ j = 1,\ 2,\ \cdots,\ N \\ 0 & \text{否则} \end{cases}$$

$$(1-9)$$

Γ 的值越大，表明 X 与 Y 之间的相似性越大。

3. 相对评价法

相对评价法根据预定义的评价标准，针对聚类算法不同的参数设置进行测试，最终选择最优的参数设置和聚类模式。相对评价法主要有 Dunn 指数、DB 指数、用于层次聚类算法的 RM SSDT/SPR/RS/CD 指数以及 SD 有效性指数等。

（1）SD 有效性指数。SD 有效性指数是基于聚类平均散布性和聚类间总体分离性的一种相对度量方法。已知数据集 X 的方差 $\sigma(x)$，其第 p 维方差定义如式（1-10）所示：

$$\sigma_x^p = 1/n \sum_{k=1}^{n} (x_k^p - x^p)^2 \qquad (1-10)$$

其中，x^p 是第 p 维的均值。

$$x = 1/n_i \sum_{k=1}^{n} x_k, \forall x_k \in X \qquad (1-11)$$

聚类 i 的方差为 $\sigma(v_i)$，其第 p 维方差定义如式（1-12）所示：

$$\sigma_{v_i}^p = 1/n_i \sum_{k=1}^{n} (x_k^p - v_i^p)^2 \qquad (1-12)$$

则聚类的平均散布性定义如式（1-13）所示：

$$Scat(c) = 1/c \sum_{i=1}^{c} \| \sigma(v_i) \| / \| \sigma(X) \| \qquad (1-13)$$

聚类间总体分离性定义如式（1-14）所示：

$$Dis(c) = D_{max}D_{min} \sum_{k=1}^{c} (\sum_{z=1}^{c} \| v_k - v_z \|)^{-1} \tag{1-14}$$

其中，$D_{max} = max(\| v_i - v_j \|)$，$D_{min} = min(\| v_i - v_j \|)$ 分别是聚类中心间的最大和最小距离，c 为聚类个数。

最后得到质量指数如式（1-15）所示：

$$SD(c) = \alpha Scat(c) + Dis(c) \tag{1-15}$$

其中，加权因子 $\alpha = Dis(c_{max})$；c_{max} 为输入聚类的最大数目。

（2）基于聚类分布的有效性度量。用聚类结果分布的自然属性来评价聚类内的同一性和聚类间的分离性与最大化聚类内相似性和最小化聚类间相似性这一聚类目标是相符的。

聚类密集型是一种有关聚类内方差的测量，方差越小，说明数据集的同一性越高，给定一个数据集 X，其簇内方差被定义为：

$$var(X) = \sqrt{1/N \sum_{i=1}^{N} d^2(x_i, x')} \tag{1-16}$$

其中，$d(x_i, x')$ 是矢量 x_i 与 x' 之间的距离；N 是 X 的总个数；x' 是 X 的均值。

$$x' = 1/N \sum_{i=1}^{N} x_i \tag{1-17}$$

对聚类输出结果 c_1，c_2，$\cdots$，c_C，聚类密集性被定义为：

$$Cmp = 1/C \sum_{i=1}^{C} | var(c_i)/var(X) | \tag{1-18}$$

其中，C 为聚类个数；$var(c_i)$ 是簇 c_i 的方差。每个簇类内的成员应尽可能地接近，所以聚类密集性越小越好。但是在极端情况下，当每个输入矢量被分为单独的类时，聚类密集性有最小值 0。

聚类邻近性被定义为：

$$Prox = 1/[C(C-1)] \sum_{i=1,j=1}^{C} \sum_{j \neq i}^{C} exp[-d^2(x_{c_i}, x_{c_j})/(2\sigma^2)] \tag{1-19}$$

其中，σ 为高斯常数，为简化计算，取 $2\sigma^2 = 1.0$；x_{c_i} 是聚类 c_i 的中心；$d(x_{c_i}, x_{c_j})$ 为聚类中心 c_i 与中心 c_j 之间的距离。各聚类应该有效的分开，且聚类邻近性反比于聚类间距离，所以聚类邻近性越小越好。然而，当整个输入矢量被聚为一类时，聚类邻近性有最小值 0。

聚类综合质量被定义为：

$$Ocq(\xi) = 1 - [\xi \times Cmp + (1 - \xi) \times Prox] \tag{1-20}$$

其中，$\xi \in [0, 1]$ 是平衡聚类密集性与邻近性的权值。显然，聚类综合质量越大越好。

第三节　本书主要内容

针对 CFS 聚类算法在大数据聚类挖掘过程中存在的不足，本书从大数据的异构性、海量性和实时性三个角度对 CFS 聚类算法进行改进，提出针对大数据聚类挖掘的 CFS 聚类算法，并将其应用于不完整数据填充之中。本书主要研究内容如图 1 - 2 所示。

本书针对 CFS 聚类算法在大数据聚类挖掘过程中存在的科学问题与挑战展开研究，主要研究内容包括以下四点：

其一，当前的 CFS 聚类算法工作在向量空间，只能对单一类型数据进行聚类，无法有效地对异构数据进行聚类。针对这个问题，本书提出基于 Dropout 模型的高阶 CFS 聚类算法。首先，设计自适应的 Dropout 模型，学习各类型数据的特征。其次，利用向量的外积操作将学习到的特征进行关联，形成对象的特征张量。最后，将 CFS 聚类算法从向量空间扩展到张量空间，实现高阶 CFS 聚类算法。为了充分捕捉异构数据在高阶张量空间中的特征，本书采用

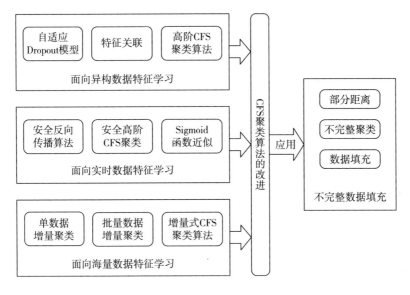

图 1 - 2　本书主要研究内容

张量距离度量数据对象之间的相似性。实验结果表明，提出的算法不但能够提高数据特征学习的有效性，而且能够有效地对异构数据进行聚类。

其二，为了提高 CFS 聚类在海量数据聚类方面的性能，需要充分利用云计算技术对深度计算模型进行优化，然而直接利用云计算训练深度计算模型，会泄露数据的隐私和降低安全性。针对这个问题，本书提出支持隐私保护的云端安全 CFS 聚类算法。采用全同态加密方案对数据进行加密，设计云端安全反向传播算法，高效地学习大数据的特征；设计支持隐私保护的高阶 CFS 聚类算法，实现云端安全聚类，保证数据在云计算环境下的隐私和安全。实验结果表明，本书提出的方案能够充分利用云计算强大的运算能力提高聚类效率，同时能够保护大数据在云端的敏感信息。

其三，当前的 CFS 算法是一种静态聚类算法，无法根据新增数据对聚类结果进行动态更新和调整，使其无法实时地对动态变化的数据进行实时聚类。针对这个问题，本书提出增量式 CFS 聚类算法，对新增数据进行独立聚类，通过聚类的合并和新建操作，将新增数据聚类结果以增量方式合并到原始聚类结果中，实现整个数据集的增量式聚类。由于增量式 CFS 聚类算法在聚类过程中不需要对历史数据重新聚类，在收敛速度方面优于静态 CFS 聚类算法，因此能够最大限度满足大数据聚类的实时性要求。

其四，现有的 CFS 聚类算法无法有效地对不完整大数据进行聚类，针对这个问题，本书提出基于部分距离策略的可能性聚类算法。将部分距离策略引入 CFS 聚类算法，利用部分距离策略度量不完整数据对象的相似性，对不完整数据集进行聚类。最后利用聚类结果对不完整数据进行填充，提高填充结果。实验结果表明，提出的算法不但能够对不完整大数据进行聚类，而且能够提高不完整数据填充精度。

第四节　本书的组织安排

本书组织安排如图 1 - 3 所示。

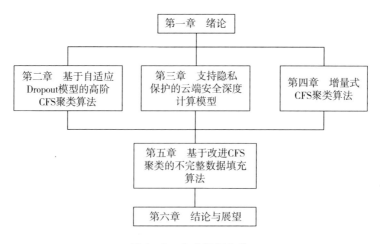

图 1 - 3　本书组织安排

在结构上，全书共分为六章，每一章的主要内容如下：

第一章：绪论。介绍了本书的研究背景以及聚类算法的研究现状，分析并归纳 CFS 聚类算法在大数据聚类方面存在的科学问题，概述本书的主要研究工作和章节安排。

第二章：基于自适应 Dropout 模型的高阶 CFS 聚类算法。针对大数据的异构性，通过将 CFS 聚类算法从向量空间扩展到张量空间，实现对异构数据聚类。本章详细介绍自适应 Dropout 模型的设计过程以及高阶 CFS 聚类算法的实现细节。实验结果表明，基于自适应 Dropout 模型的高阶 CFS 聚类算法能够有效对异构数据进行聚类。

第三章：支持隐私保护的云端安全深度计算模型。针对大数据的海量性，对数据进行加密，并将加密后的数据推送到云端，利用云端强大的计算能力完成 CFS 聚类任务。本章将详细讨论数据加密/解密细节，描述云端安全的计算过程，最后呈现实验过程并分析实验结果。

第四章：增量式 CFS 聚类算法。针对大数据的实时性，设计支持增量更新的 CFS 聚类算法，使其能够最大限度满足大数据实时聚类要求。本章将详细阐述如何通过聚类的合并和新建操作过程，实现增量式 CFS 聚类算法。实验结果表明，提出的增量式 CFS 聚类算法不需要对历史数据重新聚类，可以快速地对聚类结果进行更新，实时地完成大数据聚类任务。

第五章：基于改进 CFS 聚类的不完整数据填充算法。针对大数据中含有大量的不完整数据，设计基于部分距离的不完整数据 CFS 聚类算法，对不完整数据进行聚类。本章将深入讨论如何利用部分距离策略度量不完整数据间的对象，并对不完整数据进行聚类。实验结果表明，基于部分距离策略的 CFS 聚类算法能够有效地对不完整大数据进行聚类，同时能够提高不完整数据的填充精度。

第六章：结论与展望。总结全书工作与创新点，展望大数据聚类挖掘领域的未来研究方向。

第二章

基于自适应 Dropout 模型的
高阶 CFS 聚类算法

本章阐述面向异构数据聚类挖掘的设计过程与实现细节。首先，分析大数据的异构性给聚类算法带来的科学挑战，归纳高阶 CFS 聚类算法实现过程中存在的关键问题。其次，详细阐述高阶 CFS 聚类算法的设计过程与实现细节，利用高阶 CFS 聚类算法对异构数据进行聚类。最后，采用两个典型异构数据集验证提出算法的有效性。

第一节　引　言

与传统的关系型数据不同，大数据具有高度异构性，即大数据同时包含结构化数据、半结构化数据和非结构化数据。

典型的结构化数据如表 2 - 1 所示的关系型数据。

表 2 - 1　结构化数据举例

产品	产量（万部/台）	销量（万部/台）	产值（亿元）	比重（%）
手机	11000	10000	500	50
电视机	5500	5000	220	22
计算机	1100	1000	280	28

传统的机器学习算法和数据挖掘算法主要用于学习结构化数据的特征并针对结构化数据进行挖掘。这是因为在传统的数据处理领域，绝大部分数据均属于结构化数据。对于大数据而言，绝大部分数据是非结构化数据，如文本、语音、图像和视频等。据统计，在大数据集中，70% ~ 80% 的数据是半结构化数据和非结构化数据。这是大数据与传统数据最显著的区别。半结构化数据与非结构化数据的存在，使得大数据具有高度的异构特性。不同类型的数据传递的信息不同。例如，图像传递给人们直观上的视觉信息；标注或者文本将那些在图像中不明显的信息传递给人们，如图像中人物的名字、事件发生的地点等。

针对大数据的异构性，本书提出基于自适应 Dropout 模型的高阶 CFS 聚类算法。Dropout 是 Hinton 在 2012 年提出的高效特征学习模型，该模型通过阻止特征检测器的共同作用来提高神经网络的性能。具体来说，在模型训练时随机让网络某些隐含层节点的权重不工作，不工作的那些节点可以暂时认为不是网络结构的一部分，但是它的权重得保留下来（只是暂时不更新而已），因为下次样本输入时它可能又得工作了。由于每次用输入网络的样本进行权值更新时，隐含节点都是以一定概率随机出现，因此不能保证每两个隐含节点每次都同时出现，这样权值的更新不再依赖于有固定关系隐含节点的共同作用，阻止了某些特征仅仅在其他特定特征下才有效果的情况。Dropout 模型能够有效地防止过度拟合现象，尤其对于具有少数训练样本同时含有大量权重的网络，其工作效果尤为明显。然而当前的 Dropout 模型总是设置每层的 Dropout 率为 0.5，这种固定的设置方式会降低整个模型的学习能力。为此，本书提出一种自适应 Dropout 模型，提出的模型能够根据层数的不同，设置不同的 Dropout 率，增强 Dropout 模型的学习能力，进而采用自适应的 Dropout 模型学习各类数据的特征，得到每类数据的特征向量。然后，利用向量的外积操作将各类数据的特征进行关联，得到每个异构数据对象的特征张量。最后，将 CFS 聚类算法从向量空间扩展到张量空间，对数据集中的数据对象进行聚类。在聚类过程中，为了捕捉数据在高阶张量空间中的分布特征，采用张量距离度量数据对象之间的相似性。

具体地说，本书提出的基于自适应 Dropout 模型的 CFS 聚类算法的贡献如下：

（1）提出自适应 Dropout 模型。对 Dropout 模型进行改进，根据层数的不同，设置不同的 Dropout 率，提高 Dropout 模型的学习能力。

（2）为了尽可能捕捉数据在高阶张量空间的分布特征，本书采用张量距离代替欧式距离度量数据对象之间的相似性。

（3）提出高阶 CFS 聚类算法。在利用向量外积将各类数据进行关联之后，得到每个数据对象的特征张量。为了能够在张量空间对数据集进行聚类，将 CFS 聚类算法从向量空间扩展到张量空间。

第二节　异构数据聚类相关工作

近年来，随着异构数据在诸多领域的迅速增加，异构数据聚类与挖掘引发了科研人员的极大兴趣。多种针对异构数据的聚类算法相继被提出。早期的异构数据聚类算法主要针对双模态异构数据进行聚类。其中，最典型的是 Dhill-on 等（2005）提出的基于图分割的双向谱聚类算法，该算法能够有效地对图像—文本双模态数据进行聚类。另一种具有代表性的双模态聚类算法是由 Long 等（2005）提出的块值分解算法，通过矩阵的非负分解来寻找异构数据之间的块联系。其他的异构数据聚类算法，如 HF–ART 算法，通过半监督异构数据融合的方式对双模态数据进行聚类。

在双模态聚类的基础上，Meng 等（2014）对 HF–ART 算法进行扩展，提出 GHF–ART 算法，通过半监督数据融合的方式对多模态异构数据进行聚类。受到双模态异构数据聚类算法的启发，研究人员提出了多种针对多模态异构数据聚类的算法。目前，针对多模态异构数据聚类的方法大致可以分为以下三种：基于图分割理论的异构数据聚类算法、基于非负矩阵的异构数据聚类算法和基于信息论的异构数据聚类算法。最典型的基于图分割理论的多模态异构数据聚类算法是由 Long 等（2010）提出的频谱关联聚类算法（SRC），该算法首先构建基于邻近矩阵和特征矩阵联合的重构误差函数，通过最小化该误差函数，对异构数据进行聚类。为了求解该误差函数的最小化值，设计了一个迭代的频谱聚类算法。该算法能够对多模态异构数据进行聚类，然而在执行过程中，需要求解特征值分解问题，使得其在对大规模异构数据聚类方面效率很低。典型的基于非负矩阵分解多模态异构数据聚类算法是由 Hen 等提出的对称非负矩阵分解算法，称为半监督非负矩阵分解算法，其目的是最小化各类数据和特征关联矩阵的重构误差函数。为了揭示每个数据对象与预先定义的聚类数目之间的联系，该算法设计了一个潜在的语义空间。通过最大化投影值来决定每个数对对象的聚类隶属度。典型的基于信息论的多模态异构数据聚类算法是由 Bekkerman（2008）提出的联合马尔科夫随机场（Comrafs）算法，该算法不但能够用于多模态异构数据聚类，而且能够用于半监督学习等应用。

尽管异构数据聚类已经取得了一定的进展，但是这些算法难以捕捉异构数据之间的非线性复杂关联，因此在对异构数据聚类方面难以产生很精确的聚类效果。另外，这些算法通常具有很高的时间复杂度，难以直接应用于大数据聚类挖掘。

第三节　问题描述

假设数据集 X 具有 t 个数据对象，即 $X = \{x_1, x_2, \cdots, x_t\}$。每个数据对象具有 m 个属性，即属性集为 $A = \{a_1, a_2, \cdots, a_t\}$。那么每个数据对象可以被 m 个属性表示。例如，对于一幅 $R^{28 \times 28}$ 的图像可以被 576 个像素表示，也就是说，对于这样一幅图像，属性集 A 中的每个属性代表一个像素。

大数据聚类的目标是根据数据对象之间的相似度，将整个数据集划分成多个簇，每个簇内的对象相似性大，簇间对象的距离更大。例如，对于一个 Web 文档数据集而言，假设每篇文档同时包含文本、图像和语音等内容，聚类的目标是根据文本特征、图像特征和语音特征的相似性，鉴别出哪些文档相似，哪些文档具有明显的差别。

正如引言中讨论的那样，CFS 算法在大数据聚类方面具有多个挑战，下面从三个方面讨论高阶 CFS 聚类算法面临的关键问题：

（1）异构数据特征学习。特征学习和特征提取是聚类的关键步骤。近几年大量的特征提取方法和特征学习方法相继被提出，但大部分特征学习方法和特征提取方法只能针对同一种类型数据进行特征抽取，难以学习异构数据的特征，因而无法直接用于异构数据聚类当中。因此，对异构数据进行聚类首要解决的关键问题是学习异构数据的特征。

（2）异构数据的特征关联。对异构数据进行特征关联，形成异构数据的联合特征，在大数据聚类中具有至关重要的作用。尽管研究人员提出了大量的特征关联方法，但是这些特征关联方法大多都基于全局优化函数进行，时间复杂度高，无法满足大数据特征关联的实时性要求。因此，实现异构数据聚类要解决的第二个问题是将学习到的异构数据特征进行快速、有效的关联。

（3）张量空间中的数据对象的距离度量。距离度量方式严重影响聚类的精度。许多数学理论关注数据度量问题，并提出了多种距离度量方式如欧氏距离、马氏距离和海明距离等。在传统数据挖掘领域，欧式距离最常用。然而欧式距离只适用于向量空间，难以度量张量空间中数据对象之间的相似性。因此，寻找张量空间的距离度量方法是异构大数据聚类的关键问题。

第四节　基于自适应 Dropout 模型的高阶 CFS 聚类算法整体框架

基于自适应 Dropout 模型的高阶 CFS 聚类算法包括三个步骤：非监督的特征学习、特征关联和高阶聚类（Zhang et al.，2015）。算法整体框架如图 2 - 1 所示。

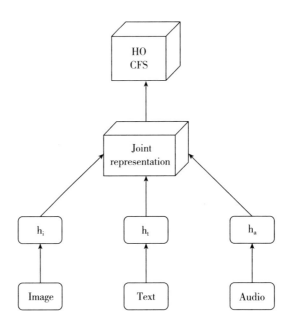

图 2 - 1 算法整体框架

在非监督的特征学习阶段，利用自适应 Dropout 模型学习每种异构数据的特征。

在特征关联阶段，利用向量的外积操作将学习到的特征进行关联。

在高阶聚类阶段，利用联合特征对整个数据集进行 CFS 聚类，得到聚类结果。

第五节 自适应 Dropout 模型

当前的 Dropout 模型为每个隐藏层设置固定的 Dropout 率，即 0.5。这种固定的 Dropout 率设置方式会忽略 Dropout 率与隐藏层位置之间的联系，使其学习异构数据特征的性能很低。大量的研究表明，对于一个深度学习模型而言，位于底层的隐藏层神经元会分享更多的共性特征。因此，Dropout 率应该随着深度学习层数的增加而降低。

基于以上分析，本书中提出自适应 Dropout 率设置函数，用于设置不同层的 Dropout 比率，如式（2-1）所示：

$$y = f(x) = \begin{cases} -0.1x + 0.05n + 0.5 & n = 2k(k = 1, 2, \cdots) \\ -0.1x + 0.05n + 0.55 & n = 2k - 1(k = 1, 2, \cdots) \end{cases} \quad (2-1)$$

其中，$n \leqslant 9$ 表示深度学习模型的隐藏层数目，x 表示隐藏层的位置。

自适应 Dropout 率设置函数满足以下三个性质：

（1）单调递减。

（2）中间隐藏层的 Dropout 比率为 0.5。

（3）对于任意 $x = 1, 2, \cdots, n$，Dropout 比率都位于（0, 1）区间内。

证明如下：

性质 1：由式（2-1）可知，自适应 Dropout 率设置函数 f(x) 是一个连续且可微函数，其导数为：

$$f'(x) = -0.1 < 0 \quad (2-2)$$

因此，自适应 Dropout 率设置函数为严格单调递减函数，即满足：随着隐藏层位置的增加，Dropout 比率降低。

性质 2：当 $n = 2k(k = 1, 2, \cdots)$ 时，有：

$$f\left(\frac{n}{2}\right) = -0.1 \times \frac{n}{2} + 0.05 \times n + 0.5 = 0.5 \quad (2-3)$$

当 $n = 2k - 1(k = 1, 2, \cdots)$ 时，有：

$$f\left(\frac{n+1}{2}\right) = -0.1 \times \frac{n+1}{2} + 0.05 \times n + 0.55 = 0.5 \quad (2-4)$$

因此，深度学习模型的中间隐藏层的 Dropout 比率为 0.5。

性质 3：基于性质 1，有：

$$f(n) \leqslant f(x) \leqslant f(1) \quad (1 \leqslant n \leqslant 9) \qquad (2-5)$$

进而，

$$f(n) = \begin{cases} -0.1n + 0.05n + 0.5 = -0.05n + 0.5 \geqslant -0.05 \times 8 + 0.5 = 0.1 > 0 \\ -0.1n + 0.05n + 0.55 = -0.05n + 0.55 \geqslant -0.05 \times 9 + 0.55 = 0.1 > 0 \end{cases}$$

$$(2-6)$$

$$f(1) = -0.1 + 0.05n + 0.55 = 0.05n + 0.45 \leqslant 0.05 \times 9 + 0.45 = 0.9 < 1 \qquad (2-7)$$

因此，对于任何 $x = 1, 2, \cdots, n$，每个隐藏层的 Dropout 比率均位于 $(0, 1)$。

通过将自适应 Dropout 率设置函数应用到 Dropout 模型，可以得到自适应 Dropout 模型。

本书利用自适应 Dropout 模型学习每一类异构数据的特征。自适应 Dropout 学习模型的训练算法如算法 2 – 1 所示。

算法 2–1：Adaptive Droupout Back–propagation
Neural Network Learning Algorithm

    Input: $\{(X^{(i)}, Y^{(i)})\}$, $1 \leqslant i \leqslant N$, $iterater_{max}, \eta$,

        threahold

    Output: $\theta = \{W^{(1)}, b^{(1)}, W^{(2)}, b^{(2)}\}$

1 **Randomly initialize all** $\theta = \{W^{(1)}, b^{(1)}; W^{(2)}, b^{(2)}\}$;

2 $y = f(1)$;

3　**for** iteration = 1, 2, ⋯, iterater$_{max}$ **do**

4　　**for** example = 1, 2, ⋯, N **do**

5　　　**for** j = 1, 2, ⋯, m **do**

6　　　　$z_j^{(2)} = w_{ji}^{(1)} \cdot x_i + b_j^{(1)}$;

7　　　　$a_j^{(2)} = f(z_j^{(2)})$;

8　　　mark { i } = rand (size ($a^{(2)}$) > y) ;

9　　　$a^{(2)} = a^{(2)} .* \text{mark} \{ i \}$;

10　　**for** i = 1, 2, ⋯, n **do**

11　　　　$z_i^{(3)} = w_{tf}^{(2)} \cdot a_j^{(2)} + b_j^{(2)}$;

12　　　　$a_i^{(3)} = f(z_i^{(3)})$;

13　　**for** i = 1, 2, ⋯, n **do**

14　　　　$\sigma_i^{(3)} = -(y - a_i^{(3)}) \cdot f'(z_i^{(3)})$;

15　　**for** j = 1, 2, ⋯, m **do**

16　　　　$\sigma_j^{(2)} = \left(\sum_{i-1}^{n} w_{ij}^{(2)} \cdot \sigma_i^{(3)} \right) \cdot f'(z_j^{(2)})$;

17　　$\sigma^{(2)} = \sigma^{(2)} .* [\text{ones} (\text{size} (\sigma^{(2)}, 1), 1) \text{mark}\{ i \}]$;

18　　**for** i = 1, 2, ⋯, n **do**

19　　　　$b_i^{(2)} = \sigma_i^{(3)}$;

20　　　　**for** j = 1, 2, ⋯, m **do**

21　　　　　$\Delta w_{ij}^{(2)} = \alpha_f^{(2)} \cdot \sigma_i^{(3)}$;

22　　**for** j = 1, 2, ⋯, m **do**

23　　　　$b_j^{(1)} = \sigma_j^{(2)}$;

24　　　　**for** i = 1, 2, ⋯, n **do**

25　　　　　$\Delta w_{ji}^{(1)} = x_i \cdot \sigma_j^{(2)}$;

第六节　基于向量外积的特征关联

向量的外积，即张量外积的一种特殊形式，是数学中常用的操作之一，用符号$\otimes$表示。如果 A 是一个 m 维向量，B 是一个 n 维向量，则它们的外积将会产生一个 m×n 的矩阵 C，C = A$\otimes$B。C 中的每个元素被定义为 $c_{ij} = a_i \cdot b_j$，其中 a_i 和 b_j 分别是向量 A 和向量 B 中的元素。向量外积的运算示例如式（2-8）所示：

$$
\begin{bmatrix} b_1 \\ b_2 \\ b_3 \\ b_4 \end{bmatrix} \otimes \begin{bmatrix} a_1 & a_2 & a_3 \end{bmatrix} = \begin{bmatrix} a_1b_1 & a_2b_1 & a_3b_1 \\ a_1b_2 & a_2b_2 & a_3b_2 \\ a_1b_3 & a_2b_3 & a_3b_3 \\ a_1b_4 & a_2b_4 & a_3b_4 \end{bmatrix} \tag{2-8}
$$

更一般的形式，对于 n 个向量 $A_1 \in R^{I_1}$，$A_2 \in R^{I_2}$，$\cdots$，$A_n \in R^{I_n}$，它们的外积将产生一个 n 阶张量 $B \in R^{I_1 \times I_2 \times \cdots \times I_n}$，$B = A_1 \otimes A_2 \otimes \cdots \otimes A_n$，其中每个元素定义为 $b_{i_1 i_2 \cdots i_n} = a_{1_{i_1}} \cdot a_{2_{i_2}} \cdot \cdots \cdot a_{n_{i_n}}$。

我们用向量 a，b，c 分别代表自适应 Dropout 模型学习得到的图像特征、文本特征和语音特征。然后，利用如下规则通过向量的外积运算关联学习到的特征，形成异构数据的联合特征表示，即特征张量。

（1）对于只含有图像和文本的数据集而言，其联合特征表示为 $X = a \otimes b = ab^T$。

（2）对于只含有图像和语音的数据集而言，其联合特征表示为 $X = a \otimes c = ac^T$。

（3）对于只含有文本和语音的数据集而言，其联合特征表示为 $X = b \otimes c = bc^T$。

（4）对于同时含有图像、文本和语音的数据集而言，其联合特征表示为 $X = a \otimes b \otimes c$。

第七节　高阶 CFS 聚类算法

当前的 CFS 聚类算法工作在向量空间，而大数据集的联合特征使用高阶张量表示，例如，对于同时包含图像、文本和语音的数据集而言，其特征被表示成三阶张量。因此，本节将 CFS 聚类从向量空间扩展到张量空间，设计高阶 CFS 聚类算法，对大数据集进行聚类。

为了度量异构数据对象之间的相似性，本书将张量距离应用到 CFS 聚类算法之中。对于给定的两个张量 $X \in R^{I_1 \times I_2 \times \cdots \times I_N}$ 和 $Y \in R^{I_1 \times I_2 \times \cdots \times I_N}$，$x$ 和 y 分别表示张量 X 和 Y 向量展开后的表示，则张量 X 和 Y 之间的张量距离定义为：

$$d_{TD} = \sqrt{\sum_{1,m=1}^{I_1 \times I_2 \times \cdots \times I_N} g_{lm}(x_1 - y_1)(x_m - y_m)} = \sqrt{(x - y)^T G(x - y)} \quad (2-9)$$

其中，g_{lm} 是系数，G 是系数矩阵，反映高阶数据不同坐标的内在联系，定义如下：

$$g_{lm} = \frac{1}{2\pi\sigma^2} \exp\left\{ -\frac{\|p_1 - p_m\|_2^2}{2\sigma^2} \right\} \quad (2-10)$$

$\|p_1 - p_m\|_2$ 是 $X_{i_1 i_2 \cdots i_N}$（与 x_1 相对）和 $X_{i_1' i_2' \cdots i_N'}$（与 x_m 相对应）之间的位置距离：

$$\|p_1 - p_m\|_2 = \sqrt{(i_1 - i_{1'})^2 + (i_2 - i_{2'})^2 + \cdots + (i_N - i_{N'})^2} \quad (2-11)$$

引入张量距离的高阶 CFS 聚类算法主要步骤如下：

步骤 1：计算数据集中每两个数据对象之间的张量距离。

步骤 2：确定截断距离 dc。

步骤 3：计算每个数据对象的 ρ 值。

步骤 4：计算每个数据对象的 δ 值。

步骤 5：计算每个数据对象的 γ 值。

步骤 6：根据 γ 值确定聚类中心，并根据数据对象与聚类中心的距离将各个数据对象划分到相应的类中。

算法伪代码如算法 2 - 2 所示：

算法 2-2：High-order CFS Clustering Algorithm

Input: $X = \{X_1,\ X_2,\ \cdots,\ X_N\},\ d_c$

Output: cl [n], center [k]

1　**for** $i = 1,\ 2,\ \cdots,\ n$ **do**

2　　**for** $j = i+1,\ i+2,\ \cdots,\ n$ **do**

3　　　$d_{ij} = \sqrt{(X_i - X_j)^T,\ G\,(X_i - X_j)}$;

4　**for** $i = 1,\ 2,\ \cdots,\ n$ **do**

5　　$\rho_i = \sum_j \chi\,(d_{ij} - d_c)$;

6　**for** $i = 1,\ 2,\ \cdots,\ n$ **do**

7　　$\delta_i = \min_{j:\,\rho_j > \rho_i} \{d_{ij}\}$;

8　　$\gamma_i = \rho_i \times \delta_i$;

9　**Select clustering centers according to** γ_i ;

10　**for** $i = 1,\ 2,\ \cdots,\ n$ **do**

11　　cl [i] = $\min_{j:\,\text{centers}[k]} \{d_{ij}\}$;

第八节　实验结果与分析

一、自适应 Dropout 模型实验结果与分析

下面我们使用 STL – 10 和 Cifar – 10 两个不同的分类数据集验证本书提出的自适应 Dropout 模型的有效性。在实验中，我们将提出的自适应 Dropout 模型和传统 Dropout 模型进行对比。实验硬件环境为 6 核 12 线程服务器，CPU 为 Intel Xeon E5 – 2620 主频 2GHz，内存容量为 20GB，硬盘容量为 1TB，在 Matlab 上实现提出的算法及对比算法。

1. STL – 10 数据集

STL – 10 数据集是 ImageNet 数据集的子集，包括 500 张训练图像和 800 张测试图像，共分为十个类（Coates et al.，2011）。另外包含 100000 张未标记的图像，用于深度学习模型的非监督预训练过程。图 2 – 2 显示了 STL – 10 数据集的一个实例（Coates et al.，2011）。

为了验证提出的模型有效性，本书将自适应 Dropout 模型和栈式自动编码机结合，实现两种深度学习模型，分别具有四个隐藏层和五个隐藏层。每一种深度学习模型的顶层增加一层逻辑回归层，用于分类。对于 Dropout 模型，对每个隐藏层的 Dropout 比率设置为 0.5，同时使用提出的自适应 Dropout 率函数设置每个隐藏层的 Dropout 率。实验结果如图 2 – 3 和图 2 – 4 所示。

图 2－2　STL－10 数据集实例

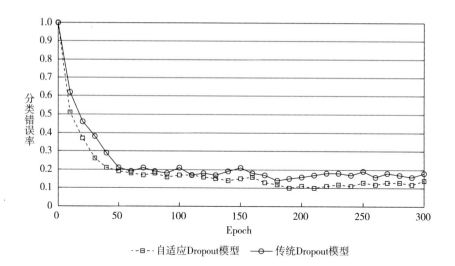

图 2－3　具有四个隐藏层的深度学习模型实验结果

从图 2－3 和图 2－4 显示的实验结果可以看出，随着 Epoch 数目的增加，两种模型的分类错误率呈逐渐降低趋势。另外，自适应 Dropout 模型产生的分类错误率明显低于传统 Dropout 模型的分类错误率，换句话说，自适应 Dropout

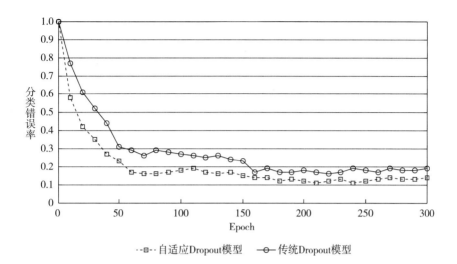

图 2 – 4　具有五个隐藏层的深度学习模型实验结果

模型表现出比传统 Dropout 模型更精确的分类准确率。此外，当只具有四个隐藏层的时候，自适应 Dropout 模型分类错误率最低可降到 0.10，而传统 Dropout 模型的最低分类错误率为 0.12。这充分说明，对于 STL – 10 这个数据集而言，本书提出的模型在分类准确率方面高于传统 Dropout 模型。

2. Cifar – 10 数据集

Cifar – 10 是一个用于图像识别的标准数据集，包含 60000 张 32×32 的彩色图片，共分为十类，每类中包含 6000 张图片。其中 50000 张图片为训练集，10000 张图片为测试数据集。图 2 – 5 显示了 Cifar – 10 数据集的一个实例。

为了验证提出的模型有效性，本书设计一个具有三个卷积层、三个池化层和三个全连接层的分类深度学习模型。在每个卷积层嵌入一个 ReLU 层和一个 Dropout 层。对于自适应 Dropout 模型，本书应用自适应 Dropout 率设置函数每层的 Dropout 率，对于传统 Dropout 模型，为每层设置 0.5 的 Dropout 比率。分类结果如图 2 – 6 所示。

图 2 - 5　Cifar - 10 数据集实例

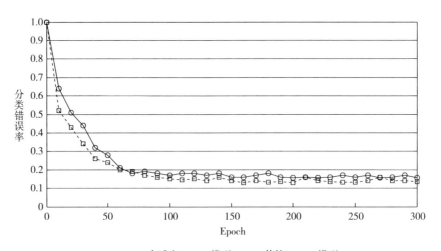

图 2 - 6　Cifar - 10 分类结果

从图 2-6 显示的分类结果中可以看到，自适应 Dropout 模型的分类错误率在绝大部分情况下都低于传统 Dropout 模型的分类错误率。更重要的是，自适应 Dropout 模型在最好的情况下，分类错误率能降到 0.136，而传统 Dropout 模型在最好情况下的分类错误率为 0.156。总之，本书提出的自适应 Dropout 模型的分类精度高于传统 Dropout 模型。

二、高阶 CFS 聚类算法实验结果与分析

下面通过将本书提出的高阶 CFS 聚类算法和 HOPCM 算法、传统的 CFS 聚类算法进行对比来验证高阶 CFS 聚类算法的有效性。实验采用两个典型的异构数据集：NUS-WIDE 和 CUAVE。

HOPCM 算法是由 Zhang 等（2017）提出的聚类算法，该算法通过将自动编码模型和可能性 c-means 聚类进行结合对异构数据进行聚类。为了比较的公平性，对于传统的 CFS 聚类算法，本书首先利用自适应 Dropout 模型学习各类数据的特征，然后将各类数据特征进行拼接，得到每个数据对象的特征向量，最后利用 CFS 聚类算法对特征向量进行聚类。

下面，首先阐述聚类评价指标，然后呈现实验结果。

1. 评价指标

为了验证本书提出的基于深度计算模型的高阶可能性聚类算法的有效性，实验采用 E^* 和 Rand Index（RI）作为评价指标。

E^* 用来评估聚类算法产生的聚类中心的准确率，表示理想的聚类中心与聚类算法产生的聚类中心之间的误差，计算方法如式（2-12）所示：

$$E^* = \sqrt{\sum_{i=1}^{c} \| v_{ideal}^i - v_*^i \|^2} \qquad (2-12)$$

其中，v_{ideal}^i 表示第 i 个类的理想聚类中心，v_*^i 表示由聚类算法 * 产生的聚

类中心。通常，E^* 的值越小，表示该算法产生的聚类中心越准确。

RI 用来评估一个聚类将多少个数据对象划分到正确的簇中。设数据集 X 的一个聚类结构为 $C = \{C_1, C_2, \cdots, C_M\}$，数据集的一个划分为 $P = \{P_1, P_2, \cdots, P_S\}$，可通过比较 C 和 P 以及邻近矩阵与 P 来评价聚类的质量。对数据集中任一点对计算下列项：

SS：如果两个点属于 C 中同一簇，且在 P 中属于同一组。

SD：如果两个点属于 C 中同一簇，但在 P 中属于不同组。

DS：如果两个点不属于 C 中同一簇，而在 P 中属于同一组。

DD：如果两个点不属于 C 中同一簇，且在 P 中属于不同组。

设 a，b，c，d 分别表示 SS，SD，DS，DD 的数目，则 $a + b + c + d = M$ 为数据集中所有对的最大数，即 $M = N(N-1)/2$。其中，N 为数据集中点的总数。RI 指标的计算方式如式（2-13）所示：

$$R = (a + b)/M \tag{2-13}$$

通常，RI 值越高，表明聚类算法的结果越精确。

2. NUS - WIDE 数据集

NUS - WIDE 数据集是最大的带有标记的 Web 图像数据集，包含 269648 张图像。每张图像均用文本进行标注。为了验证四种算法的鲁棒性，我们从 NUS - WIDE 数据集中随机选取部分图片，构成八个数据子集，每个数据子集含有 10000 张图片，共 14 个类。首先在全部数据子集上进行实验，对每个算法执行五次实验，聚类结果如图 2-7 和图 2-8 所示。

图 2-7 显示了在整个数据子集上三个聚类算法获得的 E^* 值，从实验结果中可以看到，在大部分情况下，提出的高阶 CFS 聚类算法得到的 E^* 值最小。换句话说，本书提出的高阶 CFS 聚类算法得到的聚类中心最为准确。

图 2-8 显示本书提出的高阶 CFS 聚类算法得到的 RI 值最大，也就是说，本书提出的聚类算法聚类结果最准确。在通常情况下，传统 CFS 聚类算法得

到的结果最差，这是因为传统 CFS 聚类算法只是将学习到的异构数据特征进行线性拼接，无法有效捕捉异构数据之间的复杂关联。

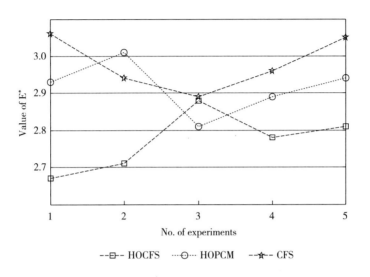

图 2 – 7 聚类结果 **E***

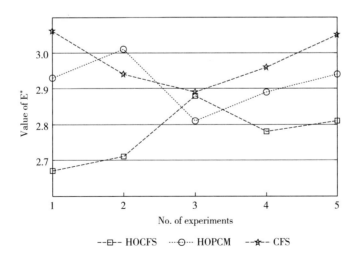

图 2 – 8 聚类结果 **RI**

接下来，分别在八个数据子集上执行三种聚类算法，验证聚类算法的有效性，每种聚类算法执行五次，平均聚类实验结果如表 2 - 2 和表 2 - 3 所示。

表 2 - 2　聚类结果 E*

算法/子集	1	2	3	4	5	6	7	8
CFS	2.64	3.01	2.99	3.04	2.73	3.02	3.08	2.82
HOPCM	2.04	2.57	2.91	2.63	2.12	2.91	2.99	2.08
HOCFS	1.96	2.24	2.37	2.28	1.95	2.16	2.39	2.01

表 2 - 3　聚类结果 RI

算法/子集	1	2	3	4	5	6	7	8
CFS	0.86	0.79	0.87	0.82	0.76	0.79	0.83	0.69
HOPCM	0.91	0.84	0.93	0.91	0.88	0.92	0.82	0.84
HOCFS	0.95	0.84	0.94	0.95	0.93	0.96	0.89	0.91

从表 2 - 2 和表 2 - 3 可以看出，对于任意一个子集，本书提出的高阶 CFS 聚类算法得到的 E^* 值最小，同时 RI 值最大。因此，就 NUS-WIDE 数据集而言，本书提出的算法的聚类准确率明显高于 HOPCM 和传统 CFS 聚类算法。

3. CUAVE 数据集

CUAVE 数据集中包括 36 名志愿者，每名志愿者分别读 0 到 9 这十个数字五次，构成一个多模态语音分类数据集（Patterson et al.，2002；Fisher et al.，1986）。图 2 - 9 显示了 CUAVE 数据集的实例（Patterson et al.，2002）。

CUAVE 是由两个典型的异构数据构成的多模态数据集，包括语音和图像两个模态。为了验证本书提出的算法有效性，为数据集中每个数据对象加上文本标记。首先在 CUAVE 数据集上执行每个算法五次，聚类结果如图 2 - 10 所示。

图 2 - 9　CUAVE 数据集实例

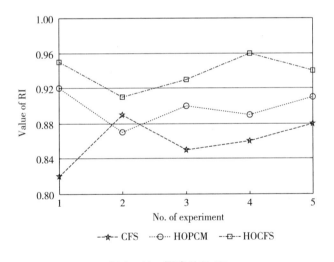

图 2 - 10　聚类结果 RI

由于 CUAVE 数据集不存在理想的聚类中心，因此本书通过 RI 指标评估算法的聚类性能。从图 2 - 10 可以看出，在五次实验中，本书提出的高阶 CFS 聚类算法获得的 RI 值最大。换句话说，就 RI 而言，本书提出的高阶 CFS 聚类算法在 CUAVE 数据集上的聚类结果最为准确。一方面，本书的算法使用自适应

Dropout 模型学习每类数据的特征，而 HOPCM 算法只是利用自动编码模型学习每类数据的特征。另一方面，本书提出的高阶 CFS 聚类算法使用张量距离度量异构数据对象间的相似性，能够尽可能地捕捉异构数据对象各个模态之间的复杂关联，因此聚类精度高于传统 CFS 聚类算法。

为了验证算法的鲁棒性，对于 CUAVE 数据集，生成三种不同的数据子集，每种数据子集是由数据集中两种不同结构的数据构成，即图像—文本数据子集、图像—语音数据子集和文本—语音数据子集。在每个数据子集上执行算法五次，实验结果如图 2 - 11 至图 2 - 13 所示。

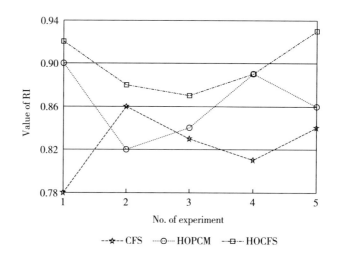

图 2 - 11　文本—图像子集聚类结果

从图 2 - 11 至图 2 - 13 的结果可以看出，在大部分情况下，本书提出的高阶 CFS 聚类算法获得了最高的 RI 值，尤其是在文本—语音数据子集上。换句话说，就 RI 而言，本书提出的算法具有最佳的鲁棒性。

最后，我们探索聚类精度与不同结构数据组合的关系，执行本书提出的高阶 CFS 聚类算法在四种数据集上。实验结果如表 2 - 4 所示。

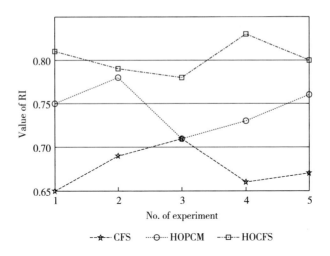

图 2 - 12 文本—语音子集聚类结果

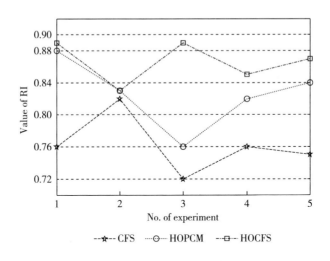

图 2 - 13 语音—图像子集聚类结果

从表 2 - 4 显示的结果可以看出，在整个数据集上执行算法时，获得的聚类精度最高。这一结果表明对于 CUAVE 数据集而言，最佳的聚类性能依赖于图像—文本—语音数据的联合特征。另外，在文本—语音数据子集上执行算法

表 2-4 不同模态组合的聚类结果

数据子集/次数	1	2	3	4	5
图像—文本	0.92	0.88	0.87	0.89	0.93
文本—语音	0.81	0.79	0.78	0.83	0.80
图像—语音	0.89	0.83	0.89	0.85	0.87
整体	0.96	0.91	0.93	0.96	0.94

获得聚类精度最低，这一结果表明单纯的文本—语音联合特征无法反映整个数据集的本质特征。

本章小结

本章阐述了基于自适应 Dropout 模型的高阶 CFS 聚类算法。首先简要分析了大数据异构性聚类带来的科学挑战，总结了不完整大数据可能性聚类算法存在的关键问题。针对这些关键问题，提出了基于自适应 Dropout 模型的高阶 CFS 聚类算法。

异构性是大数据区别于传统海量数据最显著的特征。在大数据中，70%～80%的数据均为非结构化数据和半结构化数据。然而，当前大部分聚类算法都只针对传统结构化数据进行聚类。为此，本书通过对 Dropout 模型进行改进，使其能够学习各类异构数据的特征。在特征学习之后，通过向量的外积操作建立异构数据特征之间的关联，得到异构数据的联合特征表示。最后将 CFS 聚类算法从向量空间扩展到高阶张量空间，对异构数据进行聚类。

在实验中采用 NUS – WINDE 和 CUAVE 两个典型的聚类数据集对本章提出的高阶 CFS 聚类算法进行性能验证。实验结果表明，本章提出的基于自适应 Dropout 模型的高阶 CFS 聚类算法就 E^* 和 ARI（U，U′）两个评价指标而言，其聚类精度明显高于 HOPCM 算法和传统 CFS 聚类算法。

第三章
支持隐私保护的云端安全
深度计算模型

本章阐述高阶 CFS 聚类算法在云端执行过程中的隐私保护方面的研究。首先介绍利用云计算技术优化高阶 CFS 聚类算法的必要性，归纳出在云端执行高阶 CFS 聚类算法时面临的数据隐私与安全的科学挑战，分析支持隐私保护的高阶 CFS 聚类算法存在的关键问题，进而详细阐述本章提出的支持隐私保护的云端安全高阶 CFS 聚类算法的设计过程与实现方法，最后在实验中通过加密/解密时间、运算效率和正确率三个指标验证本章提出模型的有效性。

第一节　引　言

大数据最基本的特征是数据量巨大，数据的产生速度极快。尤其是在物联网、社交网络和电子商务等领域，数据量正以前所未有的速度增长。以美国著名的社交网站为例，2014 年 Facebook 每天新增日志数据量达到 25TB。全球著名的搜索引擎 Google 每天需要处理的数据量达到 20PB 以上，是三年前日处理数据量的 37 倍之多。国际数据公司（IDC）调查显示，全球产生的数据总量在 2010 年首次突破了 1ZB，2020 年达到了 40ZB。如此海量的数据对计算机的存储和计算能力提出了巨大挑战。尤其是对于数据挖掘和机器学习这种具有大量迭代运算的算法而言，仅靠单个服务器是无法完成的。更确切地说，仅靠客户端所拥有的计算能力和存储能力，无法完成求解大数据深度计算模型的任务。尽管当前计算机的存储容量和计算能力都在不断提高，然而数据量的增长速度远远超出计算机计算能力提高的程度。因此，如何完成大数据的深度计算任务，成为大数据时代面临的又一个极具挑战的课题。

云计算的出现为解决这一问题提供了有力的工具。近年来，云计算在商业界和科学界的成功应用，已经初步表明云计算在大数据处理方面的优势（Armbrust et al.，2010；Zhang et al.，2014；孟小峰、慈祥，2013）。云计算为我们提供了海量的存储空间和强大的计算能力。因此，将数据推送到云端，利用云计算提供的强大的计算能力，训练大数据深度计算模型是提高大数据特征学习的必要手段。然而，利用云计算完成大数据的深度计算任务会引发一个非常重要的问题，即数据的安全和隐私。大数据往往包含客户的许多敏感信息，这些敏感信息可以分成两大类（Yuan and Yu，2013；朱友文，2012）：一类是数据本身，比如个人的姓名、年龄、身份证号码、银行卡账号等，这类敏感信息通常和客户本人的生命和财产安全具有直接的关联，一旦被攻击者获取，将会严重威胁客户的安全。另一类是隐藏在原始数据之中的规则，如医学数据中的癌症与病人病理特征之间的关联、商业数据中信用度与消费记录之间的关联等。这类敏感信息的泄露将会严重威胁到商业机密、医疗和银行的安全等。数据信息的安全和保密不仅仅是个隐私问题，更是一个法律问题。随着人们越来越重视自己数据的隐私和安全，世界各国出于保护个人隐私的权利，纷纷出台了相应的法规和文件，代表性的法规包括美国颁布的《隐私保护条例》

《联邦隐私法案》，世界经济合作与发展组织制定的《隐私保护条款》和澳大利亚出台的《隐私保护条例》等。由此可见，在利用云计算完成求解大数据深度计算模型任务的同时，如何保护数据的隐私和安全，避免敏感数据在传输和运算操作过程中的泄露，是极为重要的研究课题。

如果将数据和权重直接送到云端，利用云计算求解深度计算模型，无疑会泄露隐藏在数据和权重之中的一些机密信息和隐私信息，攻击者很容易在数据的通信过程中获取数据信息，对于云计算提供服务商而言，获得数据中的隐私信息更是轻而易举。这在很多情况下会威胁到客户的安全和隐私。

针对这个问题，本书提出一种支持隐私保护的云端安全高阶 CFS 聚类，首先利用全同态加密算法对数据加密，然后将数据安全推送到云端，充分利用云计算强大的计算能力，通过设计安全的高阶 CFS 算法完成大数据的安全聚类任务。

通过第二章基于自适应 Dropout 模型的高阶 CFS 聚类算法的实现过程可知，高阶 CFS 聚类算法的核心步骤包括非监督学习、特征关联和高阶 CFS 聚类三个阶段。其中，在非监督学习阶段，需要将原始数据上传到云端，并利用自适应 Dropout 模型学习数据的特征。这个阶段需要在原始数据上进行操作，因此对高阶 CFS 聚类算法进行加密的核心是对第一个阶段，即自适应 Dropout 模型进行加密。自适应 Dropout 模型学习数据特征的两个关键任务是利用反向传播算法训练模型的权重和学习数据的特征。因此，本书首先设计支持隐私保护的云端安全反向传播算法。在利用安全反向传播算法获得权重之后，实现支持隐私保护的云端安全数据特征学习及高阶 CFS 聚类算法。

基于自适应 Dropout 模型的高阶 CFS 聚类算法包括连续加法和连续乘法操作，因此需要采用全同态加密算法对数据进行加密，保证云端在密文上操作的正确性。在目前存在的全同态加密算法中，BGV 算法效率最高，因此本书采用 BGV 算法对数据进行加密，将加密后的数据安全地推送到云端，利用云端强大的计算能力在密文上进行操作，完成聚类任务。其中，在反向传播算法的前导计算过程中需要利用 Sigmoid 函数 $[f(x)=1/(1+e^{-x})]$ 计算隐藏层和输出层神经元的输出值，Sigmoid 函数的求解过程需要使用一次指数操作和一次除法操作，然而 BGV 全同态加密算法并不支持指数操作和除法操作，针对这个问题，本书采用泰勒公式将 Sigmoid 函数近似为只包含加法和乘法的操作。

本书提出的支持隐私保护的云端安全高阶 CFS 聚类算法的贡献如下：

（1）设计基于 BGV 全同态加密的高阶反向传播算法，利用 BGV 全同态加密方案对反向传播算法进行加密，使得加密的反向传播算法能够在训练数据集的密文上安全地求解自适应 Dropout 模型的参数。

（2）提出云端安全高阶 CFS 聚类算法，将加密后的待聚类数据安全地推送到云端，利用云端强大的计算能力，通过已训练好的自适应 Dropout 模型在密文上学习数据特征，进而实现安全的高阶 CFS 聚类算法。

（3）Sigmoid 函数近似，利用泰勒公式将 Sigmoid 函数近似为只包含加法和乘法操作的函数，支持 BGV 全同态加密操作。

本章剩余小节安排如下：第二节回顾基于云计算的聚类算法相关工作；第三节阐述支持隐私保护的云端安全高阶 CFS 聚类算法面临的关键问题；第四节阐述同态加密的概念及 BGV 加密算法；第五节详细描述基于 BGV 全同态加密的安全高阶反向传播算法的设计过程；第六节描述基于 BGV 全同态加密的安全高阶 CFS 聚类算法的实现细节；第七节呈现实验结果与分析；最后对本章的工作进行小结。

第二节　基于云计算的聚类算法相关工作

为了提高聚类算法的效率，多年来，多种基于云计算的聚类算法被相继提出。包括基于云计算的划分聚类算法、基于云计算的层次聚类算法、基于云计算的密度聚类算法和基于云计算的高维空间聚类算法等。

一、基于云计算的划分聚类算法

Rodriguez A（2014）对 EM 算法中求期望和最大似然估计的计算公式进行了修改，使之适合在 MapReduce 上实现并行化，并将它运用于大规模在线协同过滤，为客户提供感兴趣的新闻。张建萍（2014）在 Hadoop 平台上实现 K-means的并行化，在 Mapper 端求出数据点到最近聚类中心的距离，在 Reducer 端更新聚类中心，设计了一个 Combiner，减小迭代过程中所产生的中间值，降低通信开销。白亮（2012）通过采样方式为 K-means 算法提供初始聚类中心，可以有效地减少迭代次数，提高聚类质量。MacQueen（1967）提出了 MapReduce-KCenter 算法和 MapReduce-KMedian 算法。两个算法先使用迭代采样技术对原始数据集进行采样，得到一个具有良好全局代表性的数据子集；然后，在子集上运行 K-center 算法和 K-median 算法。数据量足够大时，MapReduce-KMedian 算法比相关的并行算法要快。K-center 算法对数据点敏感，算法 MapReduce-KCente 并没有获得更好的性能。Ruspini（1969）和 Bezdek（1981）分别借鉴 Canopy 算法和 2-tier 聚类的思想对 K-means 算法进行优化，并在 Hadoop 云平台上实现并行化，得到比并行 K-means 算法更高的准确率和更快的收敛速度。

二、基于云计算的层次聚类算法

Krishnapuram（1993）使用 MapReduce 实现了一种有效的层次聚类算法，处理超大规模 Web 日志，以对网络用户进行分组。在预处理阶段，用基于词汇共现的特征选择方法进行降维和噪声消除。根据关键字出现的次数和关键字共现的频率计算关键字的"吸引度"，只选择"吸引度"最高的 N 个关键字来代表用户感兴趣的话题。在聚类阶段，使用分批更新的方法将多个迭代操作合并在一起执行，减少节点的计算时间和节点间的通信开销。实验结果表明，使用这两种技术，算法的总运行时间减少了近 1/5，算法的准确度也得到了提升。Jones（2014）提出一种新的凝聚层次聚类算法，算法在 Hadoop 平台上实现。首先，使用初始分类的方法对原始的文档向量集进行划分；其次，把得到的数据分块分发到不同的数据节点中；最后，在各个节点中使用传统的凝聚层次聚类算法对文档进行聚类。在保证聚类质量的同时提高了聚类效率。算法借鉴了 Kirk（2013）的思想：通过压缩神经元特征值并只选择相关的特征构造神经元特征向量，可以大大地减少聚类的时间；由于选取的特征能够有效地区分映射到不同神经元的文档，算法能够避免不相关特征的相互影响，并提高聚类的质量。

三、基于云计算的密度聚类算法

针对 DBSCAN 算法的缺点，Wang（2011）提出了基于层次的 DBSCAN 算法 HDBSCAN。算法分成两个阶段：阶段一生成原始聚簇。此阶段和 DBSCAN 算法的第一阶段相似，确定核心点，生成原始聚簇并有效地去除了噪声点。阶段二合并原始聚簇。在此阶段使用层次聚类的思想对原始聚簇进行合并，降低了聚类结果对输入参数的敏感性。该方法不需要对每个对象进行测试和判断，降低了时间复杂度。算法的两个阶段具有明显的可并行性。在云平台 Hadoop 上实现了算法的并行化，取得很好的时间性能，并能够处理大规模数据。Bengio（2013）使用 MapReduce 设计了一个有效的并行 DBSCAN 算法 MR - DBSCAN。在 MR - DBSCAN 算法中使用优化策略，在详细分析它的并行机制后，降低了 I/O 访问频率、时间和空间复杂度。算法在数据划分阶段，为大规模无索引的空间数据集设计一种实用的数据划分策略，解决负载均衡问题，具备可拓展性和加速性。

四、基于云计算的高维空间聚类算法

Papadimitriou 等提出了一种基于 Hadoop 平台的分布式联合聚类框架 Disco，为分布式数据预处理和联合聚类提供了实用的方法。在聚类时，使用一个 Job 执行行和列的迭代操作，使用一个 Job 同步地更新全局参数。该框架具有良好的可拓展性，能分析和处理极大数据集。

余凯（2013）提出了基于 MapReduce 的面向大规模多维数据集的聚类算法 BoW。首先提出并行聚类算法 ParC 和 SnI。ParC 只访问一次磁盘，I/O 代价低，但由于要处理整个数据集，网络开销比较大。SnI 通过采样和过滤的方式对数据进行处理后再调用 ParC 算法，大大减少了网络开销，但增加了一次访问磁盘的操作。两种算法的性能取决于物理环境和数据特征。BoW 是 ParC 和 SnI 的结合体，使用分析模型估计 ParC 和 SnI 的时间开销，选择代价最低的算法。算法能很好地平衡磁盘访问和网络访问的时间开销，不需要使用用户自定义的参数，具有与串行聚类算法相近的准确率和接近线性的可扩展性。

刘建伟等（2014）为处理大规模数据提出了可拓展的合奏（ensemble）信

息论联合聚类算法（SEITCC）。在分布式系统中，使用信息论联合聚类算法处理不同的初始数据分块，从而同步地生成多个簇；使用证据累加机制将这些簇结合在一起，生成最终的聚类结果（孙志军等，2012）。实验结果表明，与原始的 ITCC 算法和在 Mahout 实现的 K-means 算法相比，SEITCC 算法在处理稀疏数据时准确度更高。

五、基于云计算的其他聚类算法

Bengio 等（2007）提出了基于微簇的分布式聚类算法 dSimpleGraph。算法首先定义两个微簇间的等价关系，在该基础上，算法能够很快地将数据聚合成任意形状的簇，并根据本地聚类结果快速地生成一个全局的聚类结果。算法在开放云平台 UIC 上进行测试，运行速度非常快，非常适用于超大规模未知的数据集，但微簇半径和微簇间的连接距离难以确定。

Gehring 等（2013）提出基于 MapReduce 的分布式 AP 聚类算法——DisAP 聚类。在分布式计算平台上用 AP 聚类搜索聚类代表，实现数据的采样，并对聚类表进行聚类。算法在保持原始 AP 聚类所能达到的效果的同时，提高了 AP 聚类对数据规模的适应能力。从实验结果来看，在层次采样过程中，划分的数量对聚类结果影响比较小，因此，可以使用足够多的划分增加并行度，以提高聚类效率。

从以上的总结可以看出，近些年，基于云计算的聚类算法进展迅速。尽管这些算法都能充分利用云计算的强大功能，在一定程度上提升聚类算法的效率，但是这些算法通常是直接将数据推送到云端，在云端执行聚类算法，无疑会泄露数据的隐私。这也是目前基于云计算的聚类算法面临的关键科学问题。

第三节 问题描述

支持隐私保护的云端安全高阶 CFS 聚类算法整体分为两个步骤：第一个步骤利用训练数据集训练自适应 Dropout 模型的参数；第二个步骤利用基于自适应 Dropout 模型的高阶 CFS 聚类算法将聚类数据集进行聚类。

训练自适应 Dropout 模型参数的关键是利用反向传播算法，因此实现支持隐私保护的云端安全高阶 CFS 聚类算法的第一步是实现支持隐私保护的云端安全反向传播算法，其总体思路如下：假设客户端训练数据集为 $X = \{x_1, x_2, \cdots, x_a\}$，自适应 Dropout 模型的权重为 $\theta = \{W^{(1)}, W^{(2)}\}$，客户端利用 BGV 全同态加密算法对训练数据集 X 和权重 θ 进行加密，并将加密后的数据推送到云端，云端在密文上执行安全反向传播算法，训练自适应 Dropout 模型的参数，获得参数的密文，然后将密文发送回客户端。客户端通过解密得到模型的权重。整个过程既要保证结果的正确性，又要保证数据的隐私不被泄露。从反向传播算法的实现过程可知，反向传播算法求解的任务包括加法、减法、乘法、除法和指数共五种操作，如表 3 - 1 所示。

表 3 - 1 深度计算模型的五种操作

操作	是否同态	举例
+	是	$\sum_{k=1}^{a} x_k \times w_{jk}^h$
−	是	$a_j^{(3)} - y_j$
×	是	$a_{j_1 j_2 \cdots j_n}^{(2)} \times \sigma_{i_1 i_2 \cdots i_n}^{(3)}$

续表

操作	是否同态	举例
e^x	否	e^{-x}
$\div$	否	$1/(1+e^{-x})$

在这五种操作中，加法、减法和乘法操作是同态的，而除法和指数操作是非同态的。换句话说，高阶反向传播算法在前向传导阶段，需要计算 Sigmoid 函数值 $f(x)$，$f(x)$ 的计算涉及指数操作和除法操作，这两种操作不满足同态性。因此需要对 $f(x)$ 近似，将其转换为只包含乘法操作和加法操作的函数，使云端能够在密文上求出该函数的正确值。

实现支持隐私保护的云端安全高阶 CFS 聚类算法的第二步是实现安全高阶 CFS 聚类算法，对待聚类数据集进行安全聚类。总体思路如下：首先利用 BGV 同台加密算法对待聚类数据进行加密，然后将加密后的数据上传到云端，云端利用自适应 Dropout 模型在密文上学习待聚类数据的特征，并利用向量外积操作将学习到的特征进行关联，然后计算数据对象之间的张量距离，得到张量距离的密文并把密文发送给客户端。客户端对张量距离的密文解密，得到张量距离的明文，再将张量距离的明文上传到云端，云端在张量距离的明文上执行高阶 CFS 聚类的接下来操作，得到最终聚类结果并传送给客户端。

经过以上分析，实现支持隐私保护的云端安全高阶 CFS 聚类算法需要解决以下三个问题：

其一，选择适合反向传播算法的同态加密方案，由于反向传播算法在求解深度计算模型过程中，需要同时用到多次连乘操作和多次连续加法操作，因此必须选择全同态方案对高阶反向传播算法进行加密。

其二，分析反向传播算法的性质，根据高阶反向传播算法的执行步骤，分析反向传播算法的性质，根据每一步骤的性质，选择全同态加密方案的相应操作对反向传播算法进行加密。

其三，激活函数近似，由于全同态加密方案不支持指数操作和除法操作，而激活函数的计算过程中需要指数操作和除法操作，因此需要对激活函数近似，消除反向传播算法中的指数操作和除法操作。

第四节　同态加密方法

一、同态加密概念

同态加密是伴随公钥密码学发展起来的一大类数据加密技术。同态加密这一概念最初由 Rivest 等于 1978 年提出，其主体思想是指直接在密文上进行计算，对计算结果进行解密后，得到与在明文上直接进行计算相同的结果，确保了数据计算过程的安全性。同态加密的形式化描述如下：

对于给定的一组明文（x_1，x_2，$\cdots$，x_n），通过同态加密得到相应的密文 c，同态加密是指对密文进行操作 f，在密文上得到操作结果 f(c)，对密文f(c)解密后得到与 f(x_1，x_2，$\cdots$，x_n) 的计算结果是一样的。在整个过程中，所有的数据都处于加密状态（彭伟，2014）。

一个同态加密系统通常包括四个组成部分：$\varepsilon = \{$ KeyGen，Encrypt，Decrypt，Evaluate $\}$。

（1）KeyGen 用于生成密钥，给定参数 λ，生成对应的公钥 pk、私钥 sk 和计算密钥 evk（如果需要），即 KeyGen(λ)→(pk，sk，evk)。

（2）Encrypt 是加密算法，负责将明文加密成密文，对于给定的明文 m，加密后得到密文 c←Encrypt（m，pk）。

（3）Decrypt 是解密算法，负责将密文解密成明文，对于给定的密文 c，解密后得到明文 m←Decrypt（c，sk）。

（4）Evaluate 是加密系统的核心，包括对密文进行安全计算的一组函数 F，对于 F 中的任一函数 f 以及密文 c_i，有 Decrypt（sk，c_1，c_2，…，c_n）= f（m_1，m_2，…，m_n）。

自从同态加密概念提出以后，同态加密算法与技术得到了广泛的关注，30 多年来取得了显著的发展。

早期的同态加密算法主要是部分同态加密，即只支持加法操作或者乘法操作。具有代表性的是 Rivest、Shamir 和 Adleman 在 1997 年提出的 RSA 同态加密体制（Rivest et al.，1978），1984 年提出的 Elgamal 体制，两者都支持任意次的乘法同态操作，均属于乘法同态体制（ElGamal，1985）。典型的加法同态体制包括 GM 公钥加密算法（Goldwasser and Micali，1984）、OU 体制和 NS 体制，以及 Paillier 算法。其中 Paillier 算法是应用最为广泛的加法同态加密体制（Paillier，1999）。2001 年 Damgard 和 Jurik 提出 DJ 算法，该算法是对 Paillier 算法的推广，支持任意次加法操作（Damgard and Jurik，2001）。值得一提的是 2005 年 Boneh、Goh 和 Nissim 提出的 BGN 算法，该算法支持任意次加法操作，同时支持一次乘法操作，是全同态概念被提出以来第一个接近于全同态思想的加密体制（Boneh et al.，2005）。

从 1997 年到 2009 年，同态加密主要针对部分同态体制，所有的同态加密方案只能支持加法或者乘法中的一种。直到 2009 年，IBM 的 Craig 提出基于理想格的同态加密方案，实现了第一个全同态加密体制（Gentry，2009）。自此，全同态加密算法得到了突飞猛进的进展（陈智罡等，2014）。近几年，多种全同态加密体制被相继提出，这些全同态加密体制大致可以分为三大类：

其一，基于 Gentry's FHE 改进的全同态加密体制（Van Dijk et al.，2010；

Smart and Vercauteren，2010；Stehlé and Steinfeld，2010）。

其二，基于近似 GCD 的全同态加密方案（Coron et al.，2012；Coron et al.，2011）。

其三，基于 LWE（R－LWE）的全同态加密方案（Brakerski and Vaikuntanathan，2014；Brakerski et al.，2012；Brakerski，2012）。

其中 Brakerski、Gentry 和 Vaikuntanathan 于 2012 年提出了基于 LWE 的 BGV 全同态加密算法，该方案是目前全同态加密算法中效率最高的、应用最广泛的全同态加密体制。

二、BGV 同态加密算法

BGV 同态加密算法是由 Brakerski、Gentry 和 Vaikuntanathan 于 2012 年提出的基于 LWE 的全同态加密体制，该方案是目前全同态加密算法中效率最高的，也是目前应用最广泛的全同态加密体制。BGV 算法描述如下：

令 $R = Z[x]/(x^d + 1)$，其中 d 是 2 的幂，则 $R_q = R/qR$。

Setup(1^λ，1^L)：对于 j＝L 到 j＝0 产生参数 $param_j$，该参数包括一个递减的模序列 q_L 到 q_0，以及分布 χ_j，环维数 d_j，$N = \lceil (2n + 1)\log q \rceil$。

KeyGen($\{param_j\}$)：对于 j＝L 到 j＝0，生成每一层的密钥 $s_j \in R_q^2$ 和公钥 $A_j \in R_q^{N \times 2}$，令 $s'_j \leftarrow s_j \otimes s_j$，以及 $\tau(s'_{j+1} \rightarrow s_j) \leftarrow$ SwitchKeyGen(s'_{j+1}，s_j)。密钥 $sk = (s_0, \cdots, s_L)$，$pk = (A_0, \cdots, A_L, \tau(s''_1 \rightarrow s_0), \cdots, \tau(s''_L \rightarrow s_{L-1}))$。

Enc(params，pk，m)：取 $m \in R_2$，令 $m \leftarrow (m, 0) \in R_2^2$，选取 $r \leftarrow R_2^N$，输出密文 $c \leftarrow m + A_L^T r \in R_q^2$。

Dec(params，sk，c)：假设密文的密钥是 s_j，输出明文 $m \leftarrow ((< c, s_j > \mod q) \mod 2)$。

Add(pk，c_1，c_2)：假设 c_1，c_2 都在同一层电路上，即对应同一个密钥 s_j，令 $c_3 \leftarrow c_1 + c_2 \bmod q_j$，$c_3$ 对应的密钥为 s'_j，输出 $c_4 \leftarrow \text{Re fresh}(c_3, \tau(s'_j \to s_{j-1}), q_j, q_{j-1})$。

Mult(pk，c_1，c_2)：假设 c_1，c_2 都在同一层电路上，即对应同一个密钥 s_j，令 $c_3 \leftarrow c_1 \otimes c_2 \bmod q_j$，$c_3$ 对应的密钥为 s'_j，输出 $c_4 \leftarrow \text{Re fresh}(c_3, \tau(s'_j \to s_{j-1}), q_j, q_{j-1})$。

Re fresh(c_3，$\tau(s'_j \to s_{j-1})$，q_j，q_{j-1})：该过程先进行密钥交换，再进行模交换。过程如下：

（1）密钥交换：$c_1 \leftarrow \text{SwitchKey}(\tau(s'_j \to s_{j-1}), c, n_1, n_2, q_j)$，$c_1$ 对应的密钥是 s_{j-1} 和模 q_j。

（2）模交换：$c_2 \leftarrow \text{Scale}(c_1, q_j, q_{j-1}, 2)$，$c_2$ 这里对应的密钥是 s'_j 及模 q_{j-1}。

密钥交换技术的思想是用一个矩阵 M 乘密文 c_1 得到密文 c_2，即 $c_2 \leftarrow c_1^T \cdot M$，其中 M 的行数是 s_1 的维数，M 的列数是 s_2 的维数，M 形式上可以看成是 s_2 用密钥 s_1 对加密的 LWE 实例构成。其算法如下：

SwitchKeyGen($s_1 \in R_q^{n1}$；$s_2 \in R_q^{n2}$)：

第一步：计算 $A \leftarrow \text{E. PublicKeyGen}(s_2, N)$，其中，$N = n_1 \cdot \lceil \log q \rceil$。

第二步：计算 $B \leftarrow A + \text{Powersof2}(s_1)$，输出密钥交换辅助信息 $\tau_{s1 \to s2} = B$。

SwitchKey($\tau_{s1 \to s2}$，c_1)：输出 $c_2 = \text{BitDecomp}(c_1)^T \cdot B \in R_q^{n2}$。

其中，BitDecomp（$x \in R_q^n$，q）是将 x 拆成二进制的形式，Powersof2（$x \in R_q^n$，q）是输出向量（x，2x，…，$2^{\lfloor \log q \rfloor} x$）。

密钥交换技术将 n_1 维的密文 c_1 转换为 n_2 维的密文 c_2，模并没有改变。

Scale(c，q，p，r)：输入整数向量 c 和整数 q 和 p（满足 q > p > m），输出结果是一个靠近（p/q）· c 的向量 c'，满足 $c' = c \bmod r$。

若 c 是 m 在密钥 s 下的加密，如果 p 充分小于 q，且向量 s 是短的［范数 $l_1(s)$ 是小的］，那么模交换技术就可以有效地约减密文的噪声，与此同时，将模 q 下的密文 c 转换为模 p 下的密文 c'。

密钥交换技术与模交换技术要联合起来使用，每次乘法运算后，通过密钥交换技术将密文的维数约减回原来的大小，然后再通过模交换技术将密文的噪声进行约减，从而可以进行下一次计算。

第五节　基于 BGV 全同态加密的安全高阶反向传播算法

一、BGV 同态加密的操作

（1）为了实现基于 BGV 加密的云端安全高阶反向传播算法，执行 BGV 加密算法的密钥产生操作，生成云端安全的高阶反向传播算法所需要的参数和密钥：

其一，参数。$R = Z[x]/(x^d + 1)$，$params = (q, d, N, \chi)$。

其二，密钥。私钥：$sk = (1, s'[1], s'[2], \cdots, s'[n]) \in R_q^{n+1}$；公钥：$pk = A$。

（2）基于 BGV 加密的云端安全高阶反向传播算法需要用到 BGV 加密中的操作如下：

其一，Encryption：加密操作，对于给定的明文 $m \in R_2$，对其加密获得密

文 $c \leftarrow m + A^T r \in R_q^{n+1}$。

其二，Decryption：解密操作，对于给定的密文 c，假设密文的密钥是 s_j，解密得到明文 $m \leftarrow ((<c, s_j> \bmod q) \bmod 2)$。

其三，Secure Addition：安全加法操作，给定密文 c_1，c_2，令 $c_3 \leftarrow c_1 + c_2 \bmod q_j$，得到密文 c_1，c_2，求和结果 $c_4 \leftarrow \mathrm{Re\,fresh}(c_3, \tau(s'_j \rightarrow s_{j-1}), q_j, q_{j-1})$。

其四，Secure Product：安全乘法操作，给定密文 c_1，c_2，令 $c_3 \leftarrow c_1 \otimes c_2 \bmod q_j$，得到密文 c_1，c_2，相乘结果 $c_4 \leftarrow \mathrm{Re\,fresh}(c_3, \tau(s'_j \rightarrow s_{j-1}), q_j, q_{j-1})$。

二、Sigmoid 函数近似

由于 BGV 算法不支持除法操作和指数操作，因此本书首先使用泰勒公式激活函数，即 Sigmoid 函数 $f(x) = 1/(1 + e^{-x})$ 近似为如下的多项式函数：

$$y = f(x) = \frac{1}{1 + e^{-x}} = \frac{1}{2} + \frac{x}{4} - \frac{x^3}{48} + o(x^4) \approx \frac{1}{2} + \frac{x}{4} - \frac{x^3}{48} \qquad (3-1)$$

通过泰勒公式近似后，消除了高阶反向传播算法中的指数操作，接下来，本书进一步对式（3-1）进行近似，消除除法操作，如式（3-2）所示：

$$y = f(x) = \frac{1}{1 + e^{-x}} \approx 0.5 + 0.25x - 0.02x^3 = a + bx + cx^3 \qquad (3-2)$$

由于幂操作可以转化为连续乘法操作，即 $x^3 = x \times x \times x$。因此式（3-2）显示，经过近似后，激活函数只包含加法操作和乘法操作。

接下来，本书利用 BGV 加密设计安全的激活函数计算算法，如算法 3-1 所示。

算法 3 – 1：基于 BGV 加密的安全激活函数求解
输入：密文 x：$C(x)$，0.5：$C(a)$，0.25：$C(b)$ 和 – 0.02：$C(c)$
输出：密文 y：$C(y)$
开始
利用安全乘法操作计算：$C_1 = C(b) \times C(x)$
利用安全乘法操作计算：$C_2 = C(c) \times C(x) \times C(x) \times C(x)$
利用安全加法操作计算：$y = C(a) + C_1 + C_2$
结束

三、基于 BGV 加密的安全反向传播算法

为了保护数据和模型权重在传输过程和云端计算过程的隐私和安全，客户端在对模型权重初始化后，首先对训练数据及模型权重进行加密，即输入数据 $\{x_1, x_2, \cdots, x_a\}$，理想输出数据 $\{t_1, t_2, \cdots, t_c\}$ 和参数 $\theta = \{W^{(1)}, b^{(1)}; W^{(2)}, b^{(2)}\}$。然后将加密后的数据上传到云端，云端在加密的数据上执行具有隐私保护的反向传播算法得到误差函数对模型权重的偏导数，并对模型的权重进行更新。然后将更新后的权重返回给客户端。客户端对其进行解密并重新加密，如此反复直到获得最终结果。整体方案如算法 3 – 2 所示。

算法 3 – 2：安全反向传播算法整体方案
输入：训练样本 $\{x_1, x_2, \cdots, x_a\}$，$\{t_1, t_2, \cdots, t_c\}$，参数 $\theta = \{W^{(1)}, b^{(1)}; W^{(2)}, b^{(2)}\}$，最大迭代次数 $iteration_{max}$，学习效率 η
输出：参数 $\theta = \{W^{(1)}, b^{(1)}; W^{(2)}, b^{(2)}\}$

开始

　　客户端：

　　　　使用加密操作对训练样本加密。

　　　　将加密后的训练样本发送到云端。

　　　　随机初始化参数值。

　　　　for iteration = 1，2，…，iteration$_{max}$ do

　　　　　　使用加密操作对参数进行加密。

　　　　　　将加密后的参数发送到云端。

　　　　　　云端：

　　　　　　　　在密文上执行安全的反向传播算法(4.3)。

　　　　　　　　更新密文参数 $\theta = \{W^{(1)}，b^{(1)}；W^{(2)}，b^{(2)}\}$。

　　　　　　　　将更新的密文参数发送回客户端。

　　　　客户端：

　　　　　　使用解密操作对密文参数进行解密，得到参数明文。

结束

云端在接收到客户端传来的加密数据后，在密文上执行反向传播算法，不断更新模型的权重。根据反向传播算法的步骤可以看出，云端需要完成如下计算任务：

在前向传导计算过程中主要计算 $z^{(2)}$、$z^{(3)}$、$a^{(2)}$ 和 $a^{(3)}$，其中 $z^{(2)}$ 和 $z^{(3)}$ 只需要执行加法操作和乘法操作，因此利用安全加法和安全乘法操作可实现安全的计算，$a^{(2)}$ 和 $a^{(3)}$ 表示 $z^{(2)}$ 和 $z^{(3)}$ 的激活函数值，通过算法 3 - 1 可实现安全的计算。基于 BGV 加密的云端高阶前向传播算法如算法 3 - 3 所示。

算法 3 - 3：支持隐私保护的云端高阶前向传播算法

输入：加密后训练样本 $\{x_1, x_2, \cdots, x_a\}$，$\{t_1, t_2, \cdots, t_c\}$，加密后的参数 $\theta = \{W^{(1)}, b^{(1)}; W^{(2)}, b^{(2)}\}$，加密后的学习效率 η

输出：加密后的参数 $z^{(2)}$、$z^{(3)}$、$a^{(2)}$ 和 $a^{(3)}$

开始

    for sample = 1，2，$\cdots$，N do

        //前向传播阶段：

        for j = 1，2，$\cdots$，m do

            //使用安全加法操作和安全乘法操作计算 $z_j^{(2)}$：

            $z_j^{(2)} = W^{(1)} \cdot X + b_j^{(1)}$

            //使用算法 3 - 1 计算 $a_j^{(2)}$：

            $a_j^{(2)} = f(z_j^{(2)})$

        for i = 1，2，$\cdots$，n do

            //使用安全加法操作和安全乘法操作计算 $z_i^{(3)}$：

            $z_i^{(3)} = W^{(2)} \cdot a^{(2)} + b_i^{(2)}$

            //使用算法 3 - 1 计算 $h_{W,b}(X)$：

            $h_{W,b}(X) = a_i^{(3)} = f(z_i^{(3)})$

结束

在反向传播过程中主要计算残差 $\sigma^{(2)}$ 和 $\sigma^{(3)}$，偏导数 $\Delta W^{(1)}$ 和 $\Delta W^{(2)}$，更新模型权重 $W^{(1)}$ 和 $W^{(2)}$，这几个参数的计算只涉及加法和乘法操作，因此利用安全加法和安全乘法操作可实现安全的计算。

综上所述，基于 BGV 加密的云端安全反向传播算法如算法 3 - 4 所示。

算法 3 - 4：支持隐私保护的云端安全反向传播算法

输入：加密后的 $z^{(2)}$、$z^{(3)}$、$a^{(2)}$ 和 $a^{(3)}$，加密后的参数 $\theta = \{W^{(1)}, b^{(1)}; W^{(2)}, b^{(2)}\}$，加密后的学习效率 η

输出：更新后的加密参数 $\theta = \{W^{(1)}, b^{(1)}; W^{(2)}, b^{(2)}\}$

开始

    for sample = 1, 2, $\cdots$, N do

    //反向传播阶段：

for i = 1, 2, $\cdots$, n do

    //使用安全加法操作和安全乘法操作计算 $\sigma_i^{(3)}$：

$$\sigma_i^{(3)} = (a_i^{(3)} \cdot (1 - a_i^{(3)})) \cdot (a_i^{(3)} - y_i)$$

for j = 1, 2, $\cdots$, m do

    //使用安全加法操作和安全乘法操作计算 $\sigma_j^{(2)}$：

$$\sigma_j^{(2)} = (\sum_{i=1}^{n} w_{ij}^{(2)} \cdot \sigma_i^{(3)}) f'(z_j^{(2)})$$

for i = 1, 2, $\cdots$, n do

    //使用安全加法操作和安全乘法操作计算 $\Delta b_i^{(2)}$：

$$\Delta b_i^{(2)} = \Delta b_i^{(2)} + \sigma_i^{(3)}$$

for j = 1, 2, $\cdots$, m do

    //使用安全加法操作和安全乘法操作计算 $\Delta w_{ij}^{(2)}$：

$$\Delta w_{ij}^{(2)} = \Delta w_{ij}^{(2)} + a_j^{(2)} \cdot \sigma_i^{(3)}$$

for j = 1, 2, $\cdots$, m do

//使用安全加法操作和安全乘法操作计算 $\Delta b_j^{(1)}$：

$$\Delta b_j^{(1)} = \Delta b_j^{(1)} + \sigma_j^{(2)}$$

  for i = 1，2，…，n do

    //使用安全加法操作和安全乘法操作计算 $\Delta w_{ji}^{(1)}$：

    $$\Delta w_{ji}^{(1)} = \Delta\Delta w_{ji}^{(1)} + x_i \cdot \sigma_j^{(2)}$$

//使用安全加法操作和安全乘法操作更新模型的权重值

$$W = W - \eta \times \left(\frac{1}{N}\Delta w \right)$$

$$b = b - \eta \times \left(\frac{1}{N}\Delta b \right)$$

结束

从基于 BGV 全同态加密的反向传播算法的整体方案和执行过程可以看到，在本书提出的支持隐私保护的云端安全反向传播算法中，客户端仅需要执行加密操作和解密操作，所有的计算均由云端执行，因此本书提出的模型能够充分地利用云端强大的计算能力，提高模型参数的训练效率。在云端训练模型参数的过程中，所有的操作均在密文上执行，因此本书提出的支持隐私保护的云端安全反向传播算法能够保护数据在云端的隐私和安全。

第六节 基于 BGV 加密的高阶 CFS 聚类算法

在获得自适应 Dropout 模型的参数之后，可以利用自适应 Dropout 模型学习待聚类数据集的特征，进而对数据集进行聚类。实现支持隐私保护的云端安全高阶 CFS 聚类算法的总体思路如下：首先利用 BGV 同台加密算法对待聚类数据进行加密，然后将加密后的数据上传到云端，云端利用好的自适应 Dropout 模型在密文上学习待聚类数据的特征，并利用向量外积操作将学习到的特征进行关联，然后计算数据对象之间的张量距离，得到张量距离的密文并把密文发送给客户端。客户端对张量距离的密文解密，得到张量距离的明文，再将张量距离的明文上传到云端，云端在张量距离的明文上执行高阶 CFS 聚类的接下来操作，得到最终聚类结果并传送给客户端。

支持隐私保护的云端安全高阶 CFS 聚类算法如算法 3 - 5 所示。

算法 3 - 5：安全反向传播算法整体方案

输入：待聚类数据集 $X = \{x_1, x_2, \cdots, x_n\}$，参数 $\theta = \{W, b\}$，截断距离 d_c

输出：聚类结果 cl [n]，聚类中心 center [c]

开始

客户端：

使用加密操作对待聚类数据集和权重加密。

将加密后的数据集及权重发送到云端。

云端：

//学习待聚类数据对象的特征

for i = 1, 2, $\cdots$, n do

//使用安全加法操作和安全乘法操作计算 z_i：

$z_i^{(1)} = W^{(1)} \cdot X + b^{(1)}$

$z_i^{(2)} = W^{(2)} \cdot X + b^{(2)}$

$z_i^{(3)} = W^{(3)} \cdot X + b^{(3)}$

//使用算法 3 - 1 计算每个数据对象的特征：

$a_i = f(z_i^{(1)})$

$$b_i = f(z_i^{(2)})$$

$$c_i = f(z_i^{(3)})$$

//使用安全加法操作和安全乘法操作进行特征关联:

for i = 1, 2, …, n do

　　$T_i = a_i \otimes b_i \otimes c_i$

//使用安全加法和安全乘法操作计算数据对象间的距离:

for i = 1, 2, …, n do

　　for j = i + 1, i + 2, …, n do

　　　　$d_{ij} = (T_i - T_j) G (T_i - T_j)^T$

将结果发送给客户端;

客户端:

使用解密操作对距离结果进行解密得到明文 d_{ij};

将 d_{ij} 和 d_c 发送到云端;

云端:

　　for i = 1, 2, …, n do

　　　　$\rho_i = \sum_j \chi(d_{ij} - d_c)$;

　　for i = 1, 2, …, n do

　　　　$\delta_i = \min_{j:\rho_j > \rho_i} \{d_{ij}\}$;

　　　　$\gamma_i = \rho_i \delta_i$;

　　　根据 γ_i 选择聚类中心;

　　for i = 1, 2, …, n do

　　　　$cl[i] = \min_{j:center[k]} \{d_{ij}\}$;

将结果发送给客户端。

结束

从算法3-5的过程可知，客户端仅需要执行加密操作和解密操作，所有的计算均由云端执行，因此本书提出的模型能够充分地利用云端强大的计算能力，提高聚类效率。在云端聚类过程中，所有关于数据和特征的操作均在密文上执行，因此本书提出的支持隐私保护的云端安全高阶 CFS 聚类算法能够保护数据在云端的隐私和安全。

第七节　实验结果与分析

为了验证本书提出的支持隐私保护的深度计算模型性能，在实验室搭建一个云计算平台，包括一个服务器和20个 PC 机，服务器配置为6核12线程，CPU 为 Intel Xeon E5-2620，主频 2GHz，内存容量为 20GB，硬盘容量为 1TB。每个 PC 机 CPU 型号为 Core i7 处理器，主频 3.2GHz，内存容量为 4GB，硬盘容量为 1TB。实验数据集采用 SNAE2 数据集和 NUS-WIDE 数据集对提出的模型进行验证。其中，SNAE2 是一个从 Youtube 网站上下载的 1800 个视频片段，每个视频片段 30s，包含四个类：体育、新闻、广告和娱乐。本书通过数据加密时间、运行时间和聚类精度三个指标评估提出的算法的性能。

一、数据加密时间

在将数据上传到云端之前，需要利用 BGV 加密方案对数据进行加密。为了考察不同数据量对加密时间的影响，分别对两个数据集中的 1/4、2/4、3/4 和全部样本进行加密，加密时间如图 3-1 和图 3-2 所示。

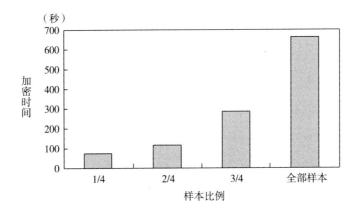

图 3 - 1　NUS - WIDE 加密时间 1

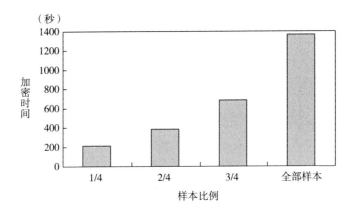

图 3 - 2　NUS - WIDE 加密时间 2

　　从图 3 - 1 和图 3 - 2 的实验结果可以看出，样本数量对加密时间具有很大的影响。具体来说，随着样本数量的增加，加密时间急剧增加。然而，对于本书提出的基于支持隐私保护的高阶 CFS 聚类算法而言，样本加密是一次性操作，即只需要对样本进行一次加密。

二、运行时间

本实验比较在客户端执行非加密的基于自适应 Dropout 模型的高阶 CFS 聚类算法和在云端执行支持隐私保护的高阶 CFS 聚类算法的运算时间，验证本书提出的方案的性能。从云计算平台中选择十个节点参与运算，分别在两个数据集上执行相应的算法，图 3-3 和图 3-4 显示了两种方案在不同数据集上的执行时间。

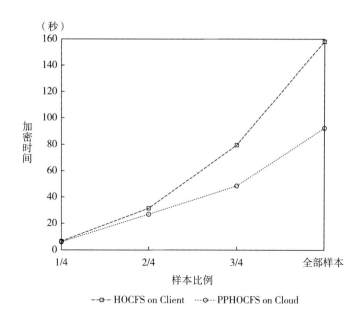

图 3-3　NUS-WIDE 运行时间

从图 3-3 和图 3-4 显示的结果中可以看到，随着数据量的增加，两种方案的运行时间都在增加。然而，在客户端执行高阶 CFS 聚类算法随着数据量增加，其运行时间增加的幅度远远超过在云端执行安全高阶 CFS 聚类算法。

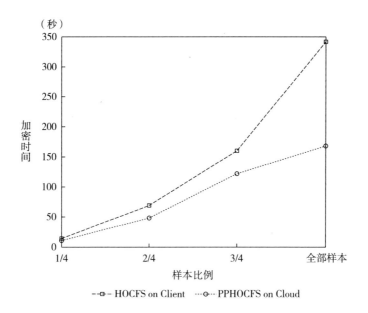

图 3 - 4　SNAE2 运行时间

更重要的是，云端执行安全高阶 CFS 聚类算法的时间小于在客户端执行高阶 CFS 聚类算法的时间，即云端执行高阶 CFS 聚类算法的效率高于在客户端执行 CFS 聚类算法。当对全部数据集进行聚类时，云端执行安全高阶 CFS 聚类算法的运行时间约为客户端执行高阶反向传播算法的一半，即效率提高 1 倍。另外，当数据量较小时，如只针对数据集的 1/4 子集进行聚类时，云端执行安全高阶 CFS 聚类算法的运行时间与客户端执行高阶 CFS 聚类算法的运行时间几乎相同。这是因为当数据量小时，数据加密/解密、数据传输占据整体运行时间的很大比重。当数据量增大时，例如超过数据集的 3/4 子集时，计算时间占据绝大部分整体运行时间。此时，云计算发挥主导作用，能够显著提高算法的运行效率。

三、聚类精度

本书比较在客户端执行高阶 CFS 聚类算法（HOCFS）和在云端执行支持隐私保护的安全高阶 CFS 聚类算法（PPHOCFS）的聚类精度。分别在两个数据集上对两种方案执行五次，采用 E^* 和 RI 作为评估指标，实验结果如表3－2至表3－5所示。

表3－2　NUS－WIDE 聚类结果：E^*

算法/实验编号	1	2	3	4	5	平均
PPHOCFS	2.81	2.77	2.51	2.64	2.66	2.68
HOCFS	2.72	2.68	2.60	2.63	2.59	2.644

表3－3　NUS－WIDE 聚类结果：RI

算法/子集	1	2	3	4	5	6
PPHOCFS	0.92	0.87	0.89	0.94	0.91	0.906
HOCFS	0.94	0.89	0.87	0.95	0.92	0.914

表3－4　SNAE2 聚类结果：E^*

算法/实验编号	1	2	3	4	5	平均
PPHOCFS	7.31	7.35	7.41	7.29	7.34	7.34
HOCFS	7.19	7.41	7.32	7.21	7.29	7.282

表3－5　SNAE2 聚类结果：RI

算法/子集	1	2	3	4	5	6
PPHOCFS	0.91	0.92	0.87	0.90	0.91	0.902
HOCFS	0.94	0.89	0.91	0.93	0.93	0.92

表 3 - 2 至表 3 - 5 的结果显示,对于 NUS - WIDE 和 SNAE2 两个数据集而言,在大部分情况下,PPHOCFS 聚类结果得到的 E^* 值高于 HOCFS 聚类得到的 E^* 值,即 PPHOCFS 得到的聚类中心精确度低于 HOCFS 聚类算法得到的聚类中心的精确度。除此之外,PPHOCFS 聚类结果得到的 RI 值略低于 HOCFS 聚类结果得到的 RI 值。利用本书提出的方法对两个数据集聚类的正确率低于非隐私保护的高阶 CFS 聚类算法。这是因为本书提出的算法为了使云端能够在密文上进行正确操作,利用泰勒公式对激活函数进行近似,因此最终的模型参数存在近似误差。除此之外,在密文上执行聚类算法本身存在一定的误差。因此导致本书提出的方法对两个数据集聚类的正确率低于非隐私保护的高阶 CFS 聚类算法。尽管支持隐私保护的云端安全高阶 CFS 聚类算法的聚类正确率低于非安全高阶 CFS 聚类算法,从实验结果中可以看出,两者正确率相差很小。这对于大数据聚类,是可接受的范围。

四、加速比

最后,我们通过加速比验证支持隐私保护的云端安全高阶 CFS 聚类算法的可扩展性能。我们分别在具有不同个节点的云平台上运行提出的算法,实验结果如图 3 - 5 所示。

图 3 - 5 的结果显示,随着云平台中节点数目的增加,提出的算法在两个数据集上的训练时间降低,说明本书提出的算法具有良好的可扩展性。因此,本书提出的算法在大数据特征学习方面具有更好的适应性,能够学习大数据的特征。

从以上的实验结果可知,本书提出的支持隐私保护的云端安全高阶 CFS 聚类算法具有以下三个优势:其一,能够充分利用云计算的强大运算能力提高聚类效率,同时保护数据的隐私不被泄露;其二,尽管支持隐私保护的安全高

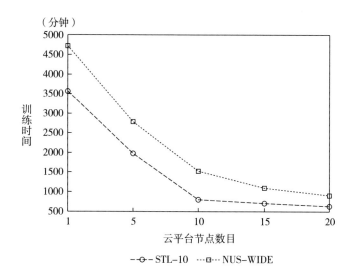

图 3 - 5　不同节点云平台的训练时间

阶 CFS 聚类算法为了执行加密、解密以及通信等花费一些时间，但是总体执行效率高于客户端的执行效率，对于大数据集而言，可通过增加云计算的节点数目进一步提高算法的执行效率；其三，尽管支持隐私保护的安全高阶 CFS 聚类算法正确率稍低于高阶 CFS 聚类算法，但是依然能够满足大数据的正确率要求。

本章小结

　　本章针对数据安全进行了高阶 CFS 聚类算法在云端执行过程中的隐私保护方面的研究。

　　首先分析了云端执行高阶 CFS 聚类任务遇到的关键问题，针对云端的数据隐私保护问题，设计并实现了基于同态加密的云端安全高阶 CFS 聚类算法，支持数据的隐私保护。利用 BGV 全同态加密方案执行反向传播算法求解自适应 Dropout 模型的参数时，为了确保云端计算的正确性，采用泰勒公式对激活函数进行近似，将激活函数近似为只含有加法和乘法操作的函数。

本章在实验中通过加密时间、正确率和云端运算时间三个方面验证安全高阶 CFS 的有效性。实验结果表明，本章提出的算法能够充分利用云计算强大的运算能力完成聚类任务，同时保证数据的安全和隐私。

第四章
增量式 CFS 聚类算法

本章阐述支持增量更新的 CFS 聚类算法的设计过程与实现细节。首先分析并归纳增量式聚类的相关工作及存在的问题，针对大数据聚类的实时性要求，设计两种增量式 CFS 聚类算法：基于单个数据对象的增量式 CFS 聚类算法和基于批量处理的增量式 CFS 聚类算法。最后通过实验在聚类精度与聚类速度两个方面验证增量式 CFS 聚类算法的有效性。

第一节　引　言

大数据另外一个特性是具有高速变化特性和实时性，即数据以极快的速度产生，其内容和分布特征均处于高速动态变化之中，而且这些数据要求被实时处理。因此要求聚类挖掘算法能够支持增量式更新，实时地对高速动态变化数据的特征进行处理。除此之外，有限的内存空间迫切地要求聚类算法具有增量更新的功能。尽管当前计算机的存储能力和计算能力都在，但是存储空间的提高速度远远落后于数据的增长速度，无法将全部数据加载到内存中进行聚类，因此设计和实现增量式聚类算法，实时地对处于动态变化之中的数据进行增量式聚类，是大数据分析和处理的又一重要课题。

目前被广泛应用的聚类算法，往往只能对静态不变的数据集进行聚类处理，而对动态的数据集而言，新增的数据会造成原有聚类结构的改变，使得前期聚类结果可靠性降低。传统的增量聚类方法要对所有数据重新执行迭代，无法充分利用已有聚类结果提供的知识，同时运算复杂度随着增量数据的增加会呈指数型增高，时间消耗和空间耗费显著增大，从而对数据挖掘的应用和发展产生了限制。因此，为解决以上问题，针对增量不断变化的动态数据集，在数据分析中引入了增量式数据挖掘的概念。即在已有的聚类结果上，逐个或者逐批次地对新增的数据进行增量操作，增量地更新聚类结果。

同传统的聚类算法相同，CFS 算法同样属于一种静态算法，无法实时地对增量动态数据集进行聚类。针对这个问题，本章提出增量式 CFS 聚类算法。考虑到动态数据的两种情况，即单个数据对象到来和批量数据对象到来，分别提出基于单个数据对象更新的增量式 CFS 聚类算法和基于批量更新的增量式 CFS 聚类算法。在基于单个数据对象更新的增量式 CFS 聚类算法中，首先利用 CFS 聚类算法对历史数据进行聚类，获得初始聚类结果。当有新的单个数据对象到达时，根据新增数据对象与原始聚类中心的距离，将新增数据对象分配到相应的类中，并利用 K-mediods 算法更新聚类中心。基于单个数据对象更新的增量式 CFS 聚类算法适用于数据流的实时聚类，且不改变原有聚类数目和聚类结构。与基于单个数据对象更新的增量式 CFS 聚类算法不同，基于批量数据更新的增量式 CFS 聚类算法更具新增数据集的特征，不断调整原始聚类数目和聚类结构。其整体思路：当一批新增数据到来后，利用 CFS 聚类算法对新增数据集进行局部聚类，并将新增数据聚类结果与原始聚类结果合并，然后通过聚类的合并、分裂、删除和更改操作对聚类结果进行更新，实现增量式聚类。增量式 CFS 聚类算法不需要对历史数据重新聚类，充分利用已有聚类结果，最大限度地满足聚类的实时性要求，同时节省内存资源。

第二节　增量式聚类相关工作

在大数据时代，数据和环境无时无刻不在变化，迫切需要增量式聚类算法。增量式聚类算法最早是由 Martin Ester 于 1998 年提出来的，Martin Ester 提出的增量式聚类算法是基于传统的 DBSCAN 算法的。目前，增量式聚类算法应用于众多领域，如金融（白亮，2012；MacQueen 1967；Ruspini，1969）、医学（Bezdek，1981）、电信（Krishnapuram and Keller，1993）、虚拟现实（Jones，2014）、网络日志分析（Kirk，2013）、环境科学（Wang et al.，2011）、传感器网络（Bengio et al.，2013；殷力昂，2012）、网络数据流监控（余凯等，2013）、网络数据库（刘建伟等，2014），等等。

增量式聚类算法的产生，大致可以归结为以下几个方面的需求：

其一，反应时间受限。输入数据并非一次性全部到达，而是随时间的推移依次到达，而且此类应用要求实时地获得当前已到达数据的聚类结果。由于实时性要求，算法不可能等待所有数据全部到达后再以批处理的方式进行聚类分析。

其二，内存容量受限。算法的执行不可能脱离物理主机，如果算法需要处理大量的数据，以至于物理主机的内存容量不足以一次性容纳它们，那么批处理聚类算法往往不能高效地执行。

其三，需要检测冗余数据。大量的原始数据中往往包含数量可观的冗余数据，检测冗余数据通常具有重要意义。例如，在冗余数据上执行数据处理算法会带来冗余计算。为了消除冗余计算，可以将输入数据划分为若干子集，逐个处理，仅检测出每个子集中的无冗余部分，并从中提取新知识，使用新知识增量式更新数据处理算法的输出（孙志军等，2012；Bengio et al.，2007）。作为一种基本的增量式数据处理算法，增量式聚类算法无疑会对消除冗余计算发挥重要作用（Gehring et al.，2013；Bourlard and Kamp，1988）。

自从增量式聚类算法被提出来之后，受到了研究人员的广泛关注，有关增量聚类的研究主要是将增量数据看作时间序列数据或按特定顺序的数据，主要可以分成两类：一类是每次将所有数据进行迭代，即从第一个数据到最后一个数据进行迭代运算，其优点是精度高，不足之处是不能利用前一次聚类的结果，浪费资源；另一类是利用上一次聚类的结果，每次将一个数据点划分到已有簇中，即新增的数据点被划入中心离它最近的簇中，并将中心移向新增的数据点，也就是说，新增的数据点不会影响原有划分，其优点是不需要每次对所有数据进行重新聚类，不足之处是泛化能力弱，监测不出孤立点。

近年来，多种增量式聚类算法被相继提出，大体可以分为以下三种：基于传统聚类算法的增量式聚类算法，基于生物智能的增量式聚类算法，针对数据流的增量式聚类算法。

一、基于传统聚类算法的增量式聚类算法

目前研究最广泛的基于传统聚类算法的增量处理集中在以下方面：基于密度和模糊不确定的增量聚类。

在密度增量聚类方面，S. ALM 在基于 DBSCAN 的思想上，对数据仓库中增量数据进行分析，提出了新的增量聚类算法，并使用有效性评测指标 GDI 和 DB 对聚类结果进行质量评测，实验表明较传统的 DBSCAN 算法更加有效率（Zemel，1994）。文献针对传统局部利群因子（LOF）算法在动态增量数据库

环境下，对计算所有局部偏离因子效率低的问题，对于异常数据的挖掘，发现了快速聚类的新算法（卜范玉等，2014）。另有方法，首先使用层次聚类算法 BIRCH 对原始的数据集进行聚类，然后引入了 DBSCAN 算法的密度可达的概念，对动态增量数据进行了新的操作描述，实现了动态聚类（Poultney et al.，2006）。此外，不同于单个数据的增量处理，有文献将增量聚类的思想应用于批量更新操作上，如批量更新的 DBSCAN 算法，这些算法对增量聚类的效率有所保证，但是算法亦存在不足，即必须在内存中对数据集所有的点进行预处理存储和计算，因此大大增加了时间和空间的复杂度，另外，还可能需要借助复杂的空间索引技术（Boureau and Cun，2008；Goodfellow et al.，2009）。

在模糊不确定增量聚类的研究上，模糊 c-均值算法得到了学者们的青睐。如通过对模糊阈值进行加权处理，判定增量数据的模糊分类属性，起到增量聚类的效果。但是由于模糊 c-均值算法本身存在与 K-means 算法相似的不足，因此聚类结果很容易因为初始中心的选择的不同而改变（Olshausen，1996）。另外，也可以群体智能与算法结合，引入了遗传算法的种群适应度的概念，针对海量数据，结合粗糙 K-均值发现了新的增量聚类算法（Vincent et al.，2008）。为了处理粗糙集的增量更新问题，对区间数据集采取了阈值控制的方法，并进行增量的计算数据的不确定度，形成了聚类的动态扩展过程（Vincent et al.，2010）。Vincent（2011）在分层和模糊连接图的基础上提出 IFHC 的增量算法，体现了分层算法的高效率和模糊连接图的动态扩展性。在文本聚类方面，将特征提取改为自适应的方式，通过自适应函数实现，并在此基础上进行增量处理操作。

诸如 K-means、EM 等批处理聚类算法对于初值的选择十分敏感。针对这种问题，Frey 等学者提出了仿射传播聚类算法（Affinity Propagation algorithm，AP），用于批处理聚类分析。AP 算法能够从输入数据中选取若干个数据点作为各个簇的中心，而非通过计算均值等方法计算簇的中心；成为簇中心的数据点被称作范例点（exemplar）。以 i 代表任意一个输入数据点，k 代表任意一个候选范例点；AP 算法定义了两种消息：可用性消息（avalaibility）a（i，k），和可信赖性消息（responsibility）r（i，k）。从 i 的视角看，a（i，k）是 i 选择 k 作为范例点的偏好程度，这个消息的传播方向是从 i 至 k；从 k 的视角看，r（i，k）是 k 能够成为 i 的范例点的适合程度，这个消息的传播方向是从 k 至 i。在 AP 算法的执行过程中，所有数据点在逻辑上构成一个网络，而且任意两个数据点之间都存在一条边；两种消息沿着边进行周期性传播，范例点及相应的簇在这个迭代过程中被求得。一次迭代过程包括以下操作：①使用最新的可用性消息更新所有的可信赖性消息；②使用最新的可信赖性消息，更新所有可用性消息；③针对每个数据点，将它的可用性与可信赖性结合起来，以此求得各范例点及其隶属数据点。AP 算法的迭代终止条件是：聚类结果在连续十次迭代中都保持不变。沙特阿拉伯阿卜杜拉国王科技大学的 Zhang Xiangliang 等学者基于 AP 算法的基本思想，通过 2008～2013 年的持续工作，设计了 StrAP 算法，用于对数据流进行聚类分析（Pérez–Sánchez et al.，2013；Rattray and Saad，1997；West and Saad，1997）。在 StrAP 算法中，增量式仿射传播聚类被描述为一个能量最小化问题，该算法的执行过程如下：第一步，在最初阶段，StrAP 算法接收到一个数据块并使用批处理 AP 算法处理这个数据块，由此得到初始的范例点及其隶属数据点。第二步，StrAP 算法逐个接收输入数据点。每当一个新数据点到来，算法会将这个数据点和各范例点作比较。如果新到来数据点不属于任何一个已有的范例点，那么它会被存入一个储蓄池（reservior）；否则，StrAP 算法会依据批处理 AP 算法的基本思路更新各个已有的簇。第三步，在上述第二步操作完成后，StrAP 算法采用 Page–Hinkley 方法测试是否有以下两个事件发生：事件一，输入数据流潜在的概率分布有变化；事件二，储蓄池已满。如果事件一或事件二发生，那么 StrAP 算法就基于储蓄池所包含的内容来更新现有的聚类结果。然而，StrAP 算法也采用了逐点处理的方式。Shi 等（2009）在 2009 年提出基于半监督的增量式 AP 聚类算法，该算法通过调整相似度矩阵的方式实现 AP 的增量式聚类。具体地说，具有相同标签对象之间相似度设置得尽可能大一些，具有不同标签的对象之间的相似度设置得小一些。Shi 等（2009）成功地将这种增量式 AP 聚类算法应用于文本聚类当中。Yang 等（2013）提出了用于半监督图像聚类中的增量 AP 聚类，该方法通过调整 ID 学习原则实现。随后 Sun 和 Guo（2014）提出基于 K-mediods 和基于最近邻分配的增量 AP 聚类。

二、基于生物智能的增量式聚类算法

研究者从生物的智能行为中受到启发，建立了各种模型，包括人工神经网络（Artificial Neural Network – ANN）、人工免疫系统（Artificial Immune System – AIS）、遗传算法（Genetic Algorithm – GA）、蚁群算法（Ant Colony Algorithm）、粒子群优化（Particle Swarm Optimization – PSO）等。基于神经网络的聚类方法，已经归结为传统聚类方法中的基于模型的聚类方法中，研究已经相对比较成熟，这里主要讲述其他的用于增量聚类的生物智能方法。

基于遗传算法的聚类自提出经常和传统聚类方法相结合，来克服传统聚类方法对初始值的选择比较敏感，避免陷入局部极小点或者来优化目标函数（尹宝才等，2015），遗传算法和 K-means、EM 等的混合算法，利用遗传算法优化 EM 的参数和初始点，取得了较好的效果。将遗传算法引入传统聚类算法中，成果丰硕，在一定程度上克服了传统聚类算法的缺点。

粒子群算法在聚类分析中的应用与遗传算法类似，基本上都是与传统聚类方法结合，来克服传统聚类算法的缺陷，如刘靖明提出的 PSO 与 kmeans 的混合算法，Collobert 等（2011）提出了一种基于 PSO 和 K-harmonic means 的混合算法，于是 Yang 等将 PSO 算法引入其中克服此缺点。Kao 等也提出了三种

算法结合的混合算法来聚类数据，收敛速度好于 PSO、NM –Psoriasis 和 K –
PSO。在增量聚类方面，粒子群算法也取得一定的成果。Bo Liu 等和 Chen
Zhuo 等在原有粒子群聚类算法的基础上，对带新增数据点的 Agent 进行判断，
如果其信息素大于某一特定值，则将其移向子空间区的一个空置区，否则将其
移向没有被别的 Agent 占用的随机选择的区域。如果 Agent 不带新增数据点，则
判断其信息素是否小于特定值，如果小于就将其移向最近的新增数据点，否则将
其移向没有被其他 Agent 占用的随机选择的区域，随后再对信息素进行调整。

　　Martens（2010）、Zhang 和 Chen（2014）使用基于蚁群聚类的增量式 Web
用户聚类算法，其思想是在原有算法的基础上，判断新用户是否已在聚类算法
中，如果在，则由新用户替换原有用户信息，表达用户兴趣的变迁，类标识不
变。如果新用户不在已聚类的用户中，则调用基于方向相似性的蚁群聚类算法
进行聚类。为了避免簇过于庞大，每次增量聚类后监测簇的误差大于给定值，
解体簇并释放其对象，再进行蚁群聚类，直到没有新的簇解题和新数据到达
位置。

　　基于人工免疫系统（AIS）的聚类算法中最著名的是 Timmis 等提出的资源
受限人工免疫系统（Resource Limited AIS，RLAIS）和 deCastro 等构造的进化
人工免疫网络（aiNet），他们都是抽取了免疫网络隐喻实现了对静态数值数据
的聚类，显示出 AIS 在数据分析方面的潜能。在基于 AIS 的增量聚类方面，也
取得了一定的成果。Ranzato 和 Szummer（2008）中提出了 AIS 框架及其框架
上一个自组织的增量聚类算法，利用 Logistic 混沌序列生成初始抗体种群，利
用其多样性识别新增的不属于任何已知簇的数据，该过程模拟了初次免疫应
答。同时，初次免疫应答形成的记忆抗体可用于二次免疫应答，即识别新增的
属于已知簇的数据。为了减少数据冗余，算法用中心点和代表点表示已知簇并
动态更新其识别区域，这样算法不但能动态、自组织地形成聚类，而且实现了
数据特征的提取。

三、针对数据流的增量式聚类算法

由于数据流连续不断，数据到达特点，很多人都将数据流的聚类问题看作增量聚类的问题。因为数据流连续不断的特点，对算法的处理效率要求较高，需要针对新数据的不断流入，动态地调整和更新聚类结果，以此真实反映数据流的聚类形态（Krizhevsky et al.，2012）。由于内存的限制，只能考虑对数据流进行单遍扫描或有限次的扫描（Coates et al.，2013）。相对来说，用户对最近一段时间的数据更感兴趣，而不是对所有数据都有同样的兴趣，鉴于这一思想，多种数据倾斜技术被应用于数据流（Ngiam et al.，2011；Guillaumin et al.，2010）。现有文献中很多都将常规的聚类方法应用于数据流的聚类中，例如，基于划分的数据流聚类（Srivastava and Salkhutdinov，2012；Xing et al.，2005；Pérez – Sánchez，2013），基于层次的数据流聚类（Ngiam et al.，2011；Srivastava and Salakhutdinov，2012；Rattray and Saad，1997），基于网格的数据流聚类（Srivastava and Salakhutdinov，2012；Guillaumin et al.，2010；Westand Saad，1997），基于密度的数据流聚类（Srivastava and Salakhutdinov，2012；Campoluccil et al.，1999），基于模型的数据流聚类（Krizhevsky et al.，2012；Srivastava and Salakhutdinov，2012），基于回归的数据流聚类（Srivastava and Salakhutdinov，2012；Lim and Harrison，2003）；等等。此外，还有针对特殊数据流进行聚类的算法，如面向 XML 数据流的聚类算法（Liang et al.，2006；Hsiao and Chang，2008）、Web 流数据聚类（Pérez – Sánchez et al.，2010）、基于 Web Service 的多数据流聚类（Elwell and Polikar，2011）、具有增量挖掘功能的 Web 点击流聚类算法（Shalev – Shwartz，2011）。

第三节　问题描述

给定一个或者一批新增数据对象，增量 CFS 聚类算法的目的是在已有聚类结果的基础上，不需要将历史数据和新增数据一起重新聚类，而是直接对当前新增数据进行局部聚类，并将聚类结果与原有聚类结果合并，通过聚类结构的调整，完成对原有聚类结果的更新。得到全部数据的最新聚类结果。从以上讨论可知，增量式聚类具有很多挑战，本书重点讨论以下两个关键问题：

其一，聚类中心的更新。当仅有一个数据对象到来时，则需要根据数据对象与原始聚类结果中各个类的距离将新增数据对象分配到相应的类中。在分配完成之后，如何对该类的聚类中心进行调整，适应新增数据对象的变化是增量式聚类首要解决的关键科学问题。

其二，聚类结果的更新。将新增数据集的聚类结果与原始聚类结果进行合并时，通常需要对原有聚类结果进行更新，包括聚类的增加、合并、拆分和更改等。如何根据新增数据聚类结果的特点，对原有聚类结果进行有效更新，获得尽可能准确的全体数据聚类结果是增量式聚类面临的又一关键科学问题。

第四节　基于单个数据对象更新的增量式 CFS 聚类算法

在很多应用当中，如电子商务和物联网领域，很多数据是以流的形式存在，即数据对象逐个地到来，且要求每个数据对象到来后，立即得到分析和处理，将其分配到相应的聚类当中。

对于这样的应用，本书提出一种基于单个数据对象更新的增量式 CFS 聚类算法。算法将传统 CFS 聚类算法与 K-mediods 方法结合，实现单个数据对象更新的增量式 CFS 聚类算法。

K-mediods 算法，又称 K 中心点算法，是一种基于划分的聚类算法。与 K-means 算法不同，K-mediods 算法每次迭代后的质点都是从聚类的样本点中选取，选取标准是当该样本点成为新的质点后能提高类簇的聚类质量，使得类簇更紧凑。该算法使用绝对误差标准来定义一个类簇的紧凑程度。假设在某次迭代之后，簇 C 中包含样本点为 $C = \{p_1, p_2, \cdots, p_n\}$，候选聚类中心为 $o \in C$，则该候选聚类中心为簇 C 带来的绝对误差定义如式（4-1）所示：

$$E = \sum_{i=1}^{n} |p - o| \qquad\qquad (4-1)$$

其中，E 表示向量 p 与 o 之间的距离，常用距离选择欧式距离。

如果候选聚类中心 o 成为聚类中心后，绝对误差能小于原聚类中心所造成的绝对误差，那么 K 中心点算法认为该候选聚类中心可以取代原聚类中心，在一次迭代重计算类簇中心的时候，算法选择绝对误差最小的候选聚类中心成为新的聚类中心。

相比于 K-means 算法而言，K-mediods 算法能够避免噪声和离群点的影响，具有很强的鲁棒性和抗噪性，因此本书将 CFS 聚类算法和 K-mediods 算法结合，实现增量式 CFS 聚类算法。

对于给定的数据集 X 和新增数据对象 o，假设 X 具有 n 个数据对象，即 $X = \{x_1, x_2, \cdots, x_n\}$，每个数据对象（包括新增数据对象 o）具有 m 个属性。假设利用传统 CFS 聚类算法对数据集进行聚类之后，得到聚类中心为 center = $\{c_1, c_2, \cdots, c_k\}$，其中 k 表示聚类的数目。本书提出的基于单个数据对象更新的增量 CFS 聚类算法的目的是根据已有聚类结果，将数据对象 o 分配到最近的簇中，分配完成后，利用 K-mediods 算法对该簇的聚类中心进行更新。

具体地说，本书提出的算法分为两个主要步骤：

第一步：计算新增数据对象 o 到各个簇中心 $c_i \in center$ 的距离，将其分配到最近的簇 C_i 当中。

第二步：利用 K-mediods 对簇 C_i 的聚类中心进行更新。

基于单个数据对象更新的增量式 CFS 聚类算法如算法 4-1 所示。

算法 4-1：基于单个数据对象更新的增量式 CFS 聚类算法

输入：样本 $\{x_1, x_2, \cdots, x_n\}$，聚类中心 center $= \{c_1, c_2, \cdots, c_k\}$，新增数据对象 o

输出：聚类中心 center $= \{c_1, c_2, \cdots, c_k\}$

开始

for i = 1, 2, $\cdots$, k do

　　//计算 o 与 c_i 的距离：

$$d_{o,c_i} = \sqrt{(o_1 - c_{i1})^2 + (o_2 - c_{i2})^2 + \cdots + (o_m - c_{im})^2};$$

if($d_{o,c_j} == \min\{d_{o,c_i} \mid c_i \in center\}$) do

　　//将被分配到最近的簇中：

　　cl[o] = j;

　　$x_{n+1} = o$;

for $x_i \in C_j$ do

　　//计算绝对误差：

$$E_i = \sum_{x_j \in C_j} \mid \sqrt{(x_{j1} - x_{i1})^2 + (x_{j2} - x_{i2})^2 + \cdots + (x_{jm} - x_{im})^2};$$

---

if($E_t == \min\{E_i \mid x_i \in C_j\}$) do

　　//更新聚类中心:

　　$c_j = x_t$;

结束

对于基于单个对象更新的增量式 CFS 聚类算法而言,第一步将新增数据对象 o 分配到最近的簇中,其时间复杂度为 $o(k)$,其中 k 为原始聚类结果中簇的数目;第二步更新聚类中心时,时间复杂度为 $o(t^2)$,其中 t 为新增数据对象被分配簇中的数据对象的数目。一般而言,每个簇中数据对象数目相差不多,因此,基于单个对象更新的增量式 CFS 聚类算法的总体时间复杂度近似为 $o((n/k)^2)$ 。

从算法 4-1 的执行步骤中可以看出,基于单个数据对象更新的增量式 CFS 聚类算法不改变原始聚类结果的聚类数目。因此适用于特征变化不显著的数据聚类。

第五节　基于批量数据更新的增量式 CFS 聚类算法

对于原始数据集 $X = \{x_1, x_2, \cdots, x_n\}$,假设利用 CFS 聚类算法对数据集 X 聚类,得到聚类中心为 center = $\{c_1, c_2, \cdots, c_k\}$,其中 k 表示聚类的数目。给定新增数据集 $O = \{o_1, o_2, \cdots, o_n\}$,基于批量数据更新的增量式 CFS 聚类

算法的总体思路分为两个步骤：

第一步：利用 CFS 聚类算法对新增数据集聚类，得到聚类中心为 I center = $\{i_1, i_2, \cdots, i_t\}$，其中 t 表示新增数据聚类的数目。

第二步：将新增数据聚类结果融入原有聚类结果中，根据新增数据的各类中心点与原有各类中心点距离的比较，对原有聚类结果进行增量式更新和完善。

假设新增数据的第 i 个聚类中心与原有数据聚类中最近的簇 C_j 的距离为 d_{ij}，CFS 截断距离为 d，通常根据 d_{ij} 与 d 的关系会产生如下两种情况，根据不同情况，对原有聚类结果进行不同操作，实现对原有聚类结果的增量式更新，得到整个数据集的聚类结果。

第一种情况，创建新的聚类。当 $d_{ij} > d$ 时，如图 4 – 1 所示，说明新增数据的第 i 个类距离原有数据所有的簇都很远。

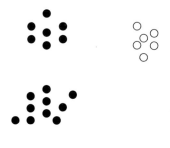

图 4 – 1　创建新的聚类

对于这种情况，本书将该类视作一个新的簇，加入原有聚类结果中。将原有聚类中心更新为 center = $\{c_1, c_2, \cdots, c_k, i_i\}$。

第二种情况，聚类合并。当 $d_{ij} \leq d$ 时，如图 4 – 2 所示，说明新增数据的第 i 个类被原始数据的第 j 个类吸引。

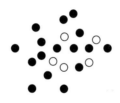

图 4-2 聚类合并

对于这种情况，本书将新增数据的第 i 个类与原始数据的第 j 个类合并。在合并之后利用 K-mediods 算法更新聚类中心 $c_j \rightarrow c_j'$。将原有聚类中心更新为 center = $\{c_1,\ c_2,\ \cdots,\ c_j',\ \cdots,\ c_k,\ i_i\}$。

根据以上两种情况，将新增数据的各个类处理完一遍之后，原有聚类中有变化的类的中心点都重新计算了。此时，检查所有的聚类中心之间的距离，假设在新的聚类结果中，存在两个类 C_j' 与 C_i' 的聚类中心之间的距离 d_{ij}'，小于截断距离 d，如图 4-3 所示。

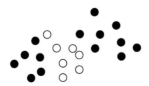

图 4-3 合并相邻聚类

对于这种情况，本书将 C_j' 与 C_i' 这两个类进行合并成为一个新的簇 NC_{ij}'，并利用 K-mediods 计算簇 NC_{ij}' 的聚类中心 nc_{ij}'，更新整个数据集的聚类结果。重复这个过程，直到任意两个聚类中心之间的距离大于或等于截断距离。

假设新增数据集共有 p 个数据对象，经过 CFS 聚类之后产生 t 个簇。在最好的情况下，无须进行簇的合并，此时基于批量数据更新的增量式 CFS 聚类算法的时间复杂度为 $o(p^2) + o(kt)$，近似为 $o(p^2)$。在最坏的情况下，需要对所有的簇进行更新或者合并，此时算法的时间复杂度近似为 $o((n+p)^2)$。

第六节　实验结果与分析

为了验证本书提出算法的有效性，将本书提出的算法同当前的 CFS 算法进行对比。本书采用两组数据集验证提出算法的有效性：第一组数据集为 UCI 提供的 Yeast 数据集；第二组数据集为 sIoT 数据集的子集。实验硬件环境为服务器 6 核 12 线程，CPU 为 Intel Xeon E5 –2620，主频 2GHz，内存容量为 20GB，硬盘容量为 1TB，在 Matlab 上实现提出的算法及对比算法。通过聚类正确率（RI 指标）和运行时间两个指标对提出的算法进行评价。

一、Yeast 数据集

Yeast 数据集包含 1484 个数据对象，每个数据对象包含 8 个数值属性，为了验证本书提出的增量式 CFS 聚类算法的有效性。分别从 Yeast 数据集选取 500 个、800 个和 1000 个数据对象作为初始数据集，剩余的数据对象为新增数据集。对于每种初始数据集，选取两种不同的数据对象，共构成六个实验数据集。

在六个实验数据集上分别执行传统的 CFS 聚类算法、基于单个数据对象更新的增量式 CFS 聚类算法和基于批量数据更新的增量式 CFS 聚类算法。每个算法执行五次，对于基于单个数据对象更新的增量式 CFS 聚类算法每次执行时，加入的单个数据对象顺序不同；对于基于批量数据更新的增量式 CFS 聚类算法，每次对新增数据集分成不同的数据块，验证算法的有效性。

三种算法在六个实验数据集的聚类正确率（RI 指标）结果如图 4 - 4 至图 4 - 9 所示。

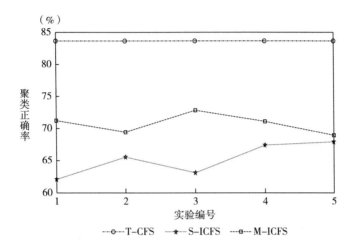

图 4 - 4　在 500 初始数据集聚类结果 1

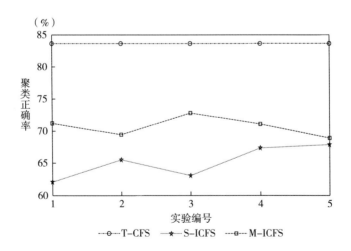

图 4 - 5　在 500 初始数据集聚类结果 2

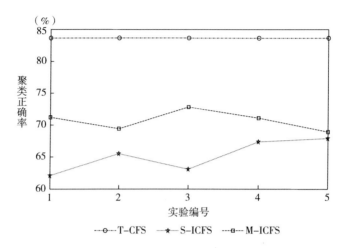

图 4 – 6　在 800 初始数据集聚类结果 1

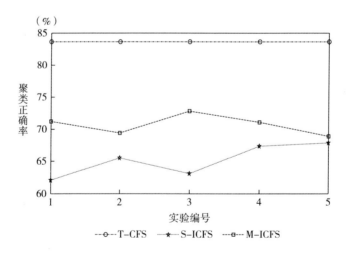

图 4 – 7　在 800 初始数据集聚类结果 2

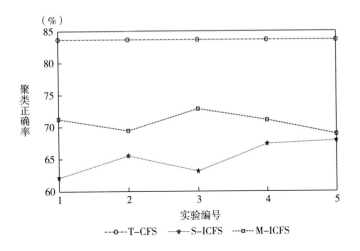

图 4 - 8　在 1000 初始数据集聚类结果 1

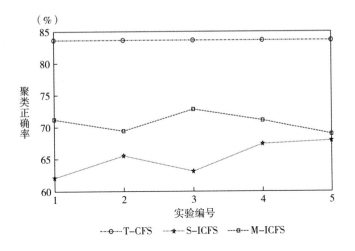

图 4 - 9　在 1000 初始数据集聚类结果 2

从图 4 - 4 至图 4 - 9 的实验结果中可以看出，随着初始数据集当中数据对象数目的增加，两种增量式 CFS 聚类算法的聚类正确率逐步提升，这是因为当初始数据集中数目越多，越能够反映整体数据集的特征和分布，初始数据集的聚类结构越接近于整体数据集的聚类结构，因此增量式 CFS 聚类算法得到的聚类结果越准确。同时说明增量式聚类算法的聚类结果在很大程度上依赖于初始数据集的聚类结果。

通常情况下，利用传统 CFS 聚类算法对整体数据集聚类的聚类结果最为准确，而基于批量数据更新的增量式 CFS 聚类算法（M-ICFS）的聚类正确率高于基于单个数据对象更新的增量式 CFS 聚类算法（S-ICFS），这是因为基于批量数据更新的增量式 CFS 聚类算法能够对初始聚类结果的结构和聚类数目进行更新，随着新增数据量的增加，聚类结果越接近于整体数据集的聚类结果。

除此之外，对于增量式 CFS 聚类算法，新增数据对象的顺序以及数据块的划分对聚类结果具有一定影响。换句话说，增量式 CFS 聚类算法聚类结果的准确性除受到初始聚类结果的影响之外，还会受到新增数据对象到达顺序以及数据块划分方式的影响。

接下来，我们统计三种聚类算法在三种不同初始数据集上的平均运行时间，评估增量式 CFS 聚类算法的运行效率，实验结果如表 4-1 所示。

表 4-1　运行时间统计结果　　　　　　　单位：秒

算法/数据集	500	800	1000
T-CFS	603.5	603.5	603.5
S-ICFS	394.9	462.8	507.1
M-ICFS	467.9	519.8	582.3

从表 4-1 显示的时间结果可以看出，在三种算法中，基于单个数据对象更新的增量式 CFS 聚类算法的运行时间最少，传统的 CFS 聚类算法的运行时间最多。这是因为基于单个数据对象更新的增量式 CFS 聚类算法具有最低的

时间复杂度，因此具有最高的聚类效率。此外，随着初始数据集中数据对象数目的增多，两种增量式聚类算法的运行时间逐步增加，这是因为在小数据集上，对于增量式 CFS 聚类算法，其主要操作是利用 CFS 聚类算法对初始数据集聚类。因此当初始数据集数据对象为 1000 个时，基于批量数据更新的增量式 CFS 聚类算法的运行时间接近于传统 CFS 聚类算法。

二、sIoT 数据集

为了验证本书提出的增量式 CFS 聚类算法的有效性。分别从 sIoT 数据集选取 20000 个和 50000 个数据对象作为初始数据集，剩余的数据对象为新增数据集。对于每种初始数据集，选取两种不同的数据对象，共构成四组实验数据集。

在四组实验数据集上分别执行传统的 CFS 聚类算法、基于单个数据对象更新的增量式 CFS 聚类算法和基于批量数据更新的增量式 CFS 聚类算法。每个算法执行五次，对于基于单个数据对象更新的增量式 CFS 聚类算法每次执行时，加入的单个数据对象顺序不同；对于基于批量数据更新的增量式 CFS 聚类算法，每次对新增数据集分成不同的数据块，验证算法的有效性。三种算法在四组实验数据集的聚类正确率（RI 指标）结果如图 4 - 10 至图 4 - 13 所示。

从图 4 - 10 至图 4 - 13 的实验结果可以看出，虽然在四组实验数据集中，初始数据集中数据对象数目不同，但是两种聚类算法的聚类结果非常接近。另外，尽管本书提出的两种增量式聚类算法的聚类正确率略低于传统 CFS 聚类算法，但是相差得并不多。尤其是当初始数据集中数据对象的数目为 50000 时，基于批量更新的增量式 CFS 聚类算法的聚类正确率几乎接近于传统 CFS 聚类算法。这是因为对于大数据集而言，其数据子集足以反映整个数据集的特征和分布情况，因此其初始数据聚类结果能够表征整个数据集的聚类结构。进而使得增量式聚类算法的聚类结果接近于传统 CFS 聚类算法。这说明，本书提出的增量式 CFS 聚类算法尤其适用于大数据集聚类。

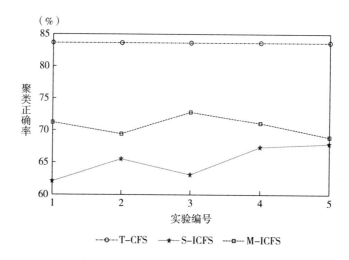

图 4 - 10　在 20000 初始数据集聚类结果 1

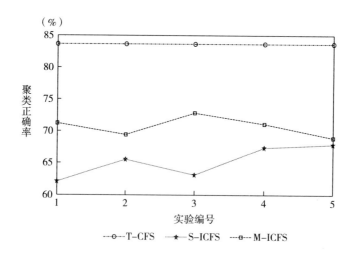

图 4 - 11　在 20000 初始数据集聚类结果 2

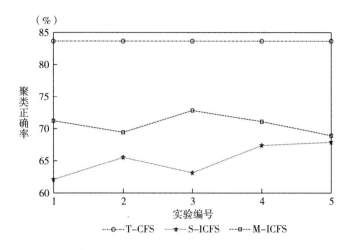

图 4 - 12 在 50000 初始数据集聚类结果 1

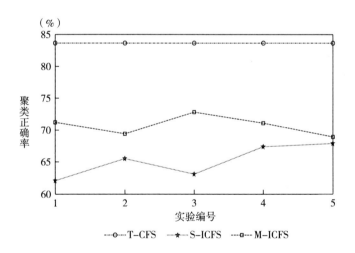

图 4 - 13 在 50000 初始数据集聚类结果 2

接下来，我们统计三种聚类算法在两种不同初始数据集上的平均运行时间，评估增量式 CFS 聚类算法的运行效率，实验结果如表 4 - 2 所示。

表 4 - 2 的统计结果显示，在三种算法中，基于单个数据对象更新的增量

表 4 - 2   运行时间统计结果   单位：秒

算法/数据集	20000	50000
T –CFS	3674.9	3674.9
S –ICFS	1727.1	2187.4
M –ICFS	2271.6	2695.2

式 CFS 聚类算法的运行时间最少，传统的 CFS 聚类算法的运行时间最多。这一结果同在 Yeast 上的运行结果类似。然而，对于 sIoT 数据集而言，本书提出的两种增量式聚类算法的运行时间明显小于传统 CFS 聚类算法。这充分说明本书提出的增量式聚类算法能够高效地对大数据集进行实时聚类。

本章小结

本章针对大数据的增量式聚类进行了研究。增量式聚类是提高大数据实时聚类挖掘的关键方法。实时性是大数据分析和挖掘的基本要求，针对大数据增量式方式的不同，本章分别设计了基于单个数据对象更新的增量式 CFS 聚类算法和基于批量数据更新的增量 CFS 聚类算法。本章首先分析并归纳了增量式聚类的关键问题，然后详细阐述增量式聚类算法的设计过程与实现方法，最后在实验中通过聚类正确率和运行效率两个指标对本书提出的增量式 CFS 聚类算法进行评估。实验结果表明，本章提出的增量式 CFS 聚类算法对大数据进行聚类时，能够基本保持大数据集的聚类精度，相比于传统的 CFS 聚类算法，在效率上有明显的提升，能够在一定程度上满足大数据聚类挖掘的实时性要求。

第五章

基于改进 CFS 聚类的不完整
数据填充算法

本章阐述深度计算模型 CFS 聚类算法在不完整大数据聚类方面的应用，首先分析不完整大数据在聚类挖掘和填充方面的科学挑战，归纳不完整大数据聚类和填充存在的关键问题。其次针对不完整大数据的聚类问题，提出基于部分距离策略的 CFS 聚类算法，根据聚类结果对不完整数据进行填充。最后在实验中通过 d_2 和 RMSE 作为评价指标验证本章提出的算法在不完整大数据聚类填充方面的有效性。

第一节 引 言

大数除具备海量性、异构性和实时性外，还具有价值密度低的特点。具体地说，表现为大数据中存在大量不正确、不精确、不完全、过时陈旧或者重复冗余的数据。其中以不完全性特征表现得尤为突出。表 5-1 显示了一个来自智能家庭实验室的不完全数据集的简单实例。

表 5 - 1　不完全数据集实例

房间	温度	湿度	光通量	能量
Rm1	28	41	200	31.4
Rm2	28	41	200	87.1
Rm3	29	42	*	43.5
Rm4	27.5	*	170	29.4
Rm5	29	42	*	*
Rm6	29	41	190	31.4
Rm7	28	42	170	29.4
Rm8	29	41	190	43.5
Rm9	28	42	180	32.7
Rm10	29	41	180	32.7

引发大数据不完全性的原因主要是数据采集终端发生故障导致的，如工作在物联网中的大量无人工监控下的传感器很容易发生各种故障，导致采集的数据发生缺失。另外，网络传输故障也很容易导致数据的缺失，在输入数据过程中，由于工作人员粗心大意而忘记部分数据的输入导致数据不完整性也是普遍存在的（Bu et al., 2014; Li et al., 2010）。

不完全（又被称作不完整数据或者缺失数据）普遍存在于大数据当中，据高德纳公司（Gartner）统计，在美国企业中有 1% ~ 30% 的公司数据存在各类不完整性，仅就医疗数据而言，有 13.6% ~ 81% 的关键数据遗缺。

不完全性给数据分析和挖掘带来巨大的挑战。例如，传统的聚类方法无法直接度量不完整数据对象之间的距离，导致无法直接对不完整数据进行聚类。除此之外，传统的机器学习方法，包括前文提出的几种深度计算模型，均无法直接学习不完全数据的特征。因此，如何有效地填充不完整数据，提高对缺失值的填充精度是不完整数据处理的重要课题。

近年来，研究人员提出了一些新的技术和算法用来填充不完全数据。早期的数据填充算法大多数是基于统计分析的方法对缺失值进行估计，例如使用所有可获得的属性值的平均值对缺失数据进行填充，这种方法误差较大，填充精度不高。随后，研究人员提出基于分类的数据填充算法，例如通过最近邻分类方法找到缺失数据对象的 k 个最近邻的数据对象，然后使用这 k 个最近邻对象的平均属性值作为缺失数据的估计值，尽管这种方法能够在理论上提高缺失数据填充精度，然而在实际中很难确定 k 值，限制了该方法的实用性（Manyika et al.，2011；Zhang et al.，2013）。现在的数据填充方法是基于机器学习的方法，例如基于支持向量机的数据填充模型与最近提出的基于深度学习的数据填充模型等（覃雄派等，2012；Wu et al.，2014）。这类算法具有很高的数据填充精度，然而该类算法的时间复杂度很高。可见，大部分现有的不完整数据填充算法填充精度都不高，尽管基于机器学习的填充算法具有较高的填充精度，然而填充效率却很低。

针对以上问题，本书提出一种基于 CFS 聚类的不完整数据填充算法。首先利用 CFS 聚类算法对不完整数据集进行聚类，然后根据聚类结果对缺失数据进行填充。CFS 聚类算法不能度量不完整数据对象之间的距离，因此无法直接对不完整数据进行聚类。针对这个问题，本书提出一种部分距离策略，度量不完整数据对象之间的距离，将部分距离策略应用到 CFS 聚类算法，使其能够聚类不完整数据集。

不同于现有的方法，本书提出的不完整数据填充算法在数据填充前，先对不完整数据进行聚类，利用聚类的结果对缺失数据进行填充。由于同一类内的数据对象具有相似的特征，因此在填充过程中，选择与缺失数据对象在同一类内的数据对象对不完整数据进行填充，能够充分提高填充精度。

具体地说，本书提出的基于 CFS 聚类的不完整数据填充算法的贡献如下：

（1）提出一种部分距离策略，针对不完整数据相似性度量问题，提出一种部分距离策略，可以直接度量不完整数据对象之间的相似性。

（2）设计基于部分距离策略的 CFS 聚类算法，针对当前 CFS 聚类算法无法对不完整数据进行聚类的问题，将部分距离策略应用到 CFS 聚类算法中，使其能够聚类不完整数据集。

（3）实现基于改进 CFS 聚类算法的不完整数据填充算法。根据基于部分距离策略的 CFS 聚类算法的结果，对不完整数据对象进行填充，提高不完整数据填充精度。

第二节　不完整数据填充相关工作

为了有效地填充不完整数据，近些年，研究人员提出了多种缺失数据填充算法。这些算法大致可以分为以下四类：基于统计分析的缺失数据填充算法、基于分类的缺失数据填充算法、基于机器学习的缺失数据填充算法和基于模糊聚类的缺失数据填充算法（张建萍，2014）。

典型的基于统计分析的数据填充算法使用所有可获得的属性值平均值作为缺失数据的填充值。这种填充算法简单、高效，然而填充精确度很低。

最著名的基于分类的缺失值填充算法是 KNNI 算法，即基于 k 最近邻的缺失值填充算法，该算法首先找到目标对象的 k 个最近邻数据对象，然后利用这些近邻对象填充缺失数据。假如缺失值为数值型数据，则 KNNI 算法利用最近邻的 k 个对象平均值作为缺失数据的值；假如缺失值是离散型数值，则该算法使用 k 个对象中出现频率最高的属性值作为缺失数据值。相比于基于统计分析的数据填充算法，该算法有效地提高了填充精度，然而该算法中 k 值难以确定，导致该算法的实用性较差（Manyika et al.，2011）。为了解决这个问题，研究人员提出了多个自动确定 k 值的数据填充算法，如 LWLA 算法和 IBLLS 算法等（张建萍，2014）。另一种基于分类的数据填充算法是 EM 算法，该算法首先通过决策树算法寻找目标对象的相似对象，然后对缺失值进行填充，类似的算法包括 DMI 算法等（白亮，2012）。EM 算法和 DMI 算法进一步提高了数据填充精度，然而这两个算法需要使用决策树对数据集进行分类，使得算法的精度依赖于分类精度。决策树算法对不完整数据集进行分类的精度并不高。

基于机器学习的数据填充算法首先通过机器学习模型，如支持向量机和神经网络、训练分类器，而后根据分类结果对缺失值进行估计（覃雄派等，2012；Wu et al.，2014）。从本质上来说，这类方法同属于基于分类的数据填充算法。Zhang 等提出一种基于深度学习的数据填充算法，首先对深度学习模型进行改进，使其能够学习不完整数据的特征，然后通过数据重构填充缺失值。

基于模糊聚类的填充算法首先利用模糊聚类算法对不完整数据集进行聚类，根据聚类结果对缺失值进行估计。这类算法的填充精度取决于聚类的精度，为了提高模糊聚类算法的精度，研究人员将遗传算法和蚁群算法等应用于模糊聚类，并用于缺失数据填充。

第三节　问题描述

不完整数据填充算法的目的是尽可能地正确估计缺失值。根据前面章节的讨论可知，不完整数据填充具有很多挑战。下面从三个方面讨论不完全大数据可能性聚类的关键问题：

第一，不完全大数据特征学习。特征学习和特征提取是聚类的关键步骤。

近几年大量的特征提取方法和特征学习方法被相继提出。然而这些特征学习方法都是针对高质量数据进行的。换句话说，这些特征学习方法都难以有效地学习不完全大数据的特征。因此，对不完全大数据进行填充要解决的一个关键问题是学习不完全大数据的特征。

第二，不完整数据聚类。为了提高不完整数据填充的精度，不完整数据聚类具有重要作用。尽管研究人员提出了大量的聚类方法，但是这些方法都只能用于完整数据的聚类。因此，实现不完全大数据准确填充要解决的第二个问题是如何对不完整数据聚类。

第三，不完整数据对象的相似性度量。距离度量方式严重影响着聚类的精度。许多数学理论关注数据度量问题，并提出了多种距离度量方式如欧氏距离、马氏距离和海明距离等。在传统数据挖掘领域，欧式距离最常用。然而这些距离只能度量完整数据对象之间的相似性。因此，如何度量不完整数据对象之间的相似性是不完全大数据填充的又一关键问题。

第四节　基于部分距离策略的 CFS 聚类算法

一、部分距离策略

设整个数据对象集合为 X，且 X = {x_1, x_2, …, x_n}，集合 X 中每个对象有 m 个属性{a_1, a_2, …, a_m}，即 A = {a_1, a_2, …, a_m}为属性集合。用 x_{ij}表示第 i 个对象的第 j 个属性值。

假设 X 为不完整数据集，则 X 可以被拆分成两个子集 X_C 和 X_I，两个子集分别被称为完整数据子集与不完整数据子集，两者定义如式（5-1）所示：

$$X_C = \{ x_i \in X \} \cap \{ \forall j, \ x_{ij} \neq * \}$$

$$X_I = \{ x_i \in X \} \cap \{ \exists j, \ x_{ij} = * \} \tag{5-1}$$

其中，X_C 中每个数据对象被称为完整数据对象，X_I 中每个数据对象被称为不完整数据对象。X_C 和 X_I 满足 $X = X_C \cup X_I$，$X_C \cap X_I = \varnothing$。

令 $m = 4$，$n = 5$，式（5-2）是不完整数据集的一个典型实例。

$$X = \left\{ \begin{bmatrix} 5 \\ 2 \\ 3 \\ 7 \end{bmatrix} \begin{bmatrix} 7 \\ 2 \\ 1 \\ * \end{bmatrix} \begin{bmatrix} 3 \\ 7 \\ 4 \\ 9 \end{bmatrix} \begin{bmatrix} 1 \\ * \\ 6 \\ * \end{bmatrix} \begin{bmatrix} 5 \\ 3 \\ 9 \\ 1 \end{bmatrix} \right\} \tag{5-2}$$

则有：

$$X_C = \left\{ \begin{bmatrix} 2 \\ 2 \\ 3 \\ 7 \end{bmatrix} \begin{bmatrix} 3 \\ 7 \\ 4 \\ 9 \end{bmatrix} \begin{bmatrix} 5 \\ 3 \\ 9 \\ 1 \end{bmatrix} \right\}, \ X_I = \left\{ \begin{bmatrix} 7 \\ 2 \\ 1 \\ * \end{bmatrix} \begin{bmatrix} 1 \\ * \\ 6 \\ * \end{bmatrix} \right\} \tag{5-3}$$

部分距离策略使用不完整数据对象的所有可用数值来计算与一个完整数据对象之间的距离，然后通过将该距离乘以扩展系数来计算两者的部分距离。例如：

$$PD_{1,4} = \| x_4 - x_1 \|_2^2$$

$$= \| (5 \ 2 \ 3 \ 7)^T - (1 * 6 *)^T \|_2^2$$

$$= \frac{4}{1+1} \sqrt{(5-1)^2 + (3-6)^2} = 10$$

用 $PD_{i,k}$ 来表示不完整数据对象 x_k 与聚类中心 v_i 的距离，其通用计算公式如式（5-4）所示。

$$PD_{i,k} = \frac{m}{I_k} \sqrt{\sum_{j=1}^{m} (x_{kj} - v_{ij})^2 I_{kj}}$$

$$I_{kj} = \begin{cases} 0, & \text{if } x_{kj} = * \\ 1, & \text{otherwise} \end{cases} \quad \text{for} \quad 1 \leqslant j \leqslant m, \ 1 \leqslant k \leqslant n; \ I_k = \sum_{j=1}^{m} I_{kj} \qquad (5-4)$$

二、基于部分距离策略的 CFS 聚类算法

为了使得 CFS 聚类算法能够对不完整数据集进行聚类，利用部分距离策略替代 CFS 聚类算法中的欧式距离，得到基于部分距离策略的 CFS 聚类算法。算法主要步骤如下：

步骤 1：根据式（5-4）计算数据集中每两个数据对象之间的距离；

步骤 2：确定截断距离 d_c；

步骤 3：计算每个数据对象的 ρ 值；

步骤 4：计算每个数据对象的 δ 值；

步骤 5：计算每个数据对象的 γ 值；

步骤 6：根据 γ 值确定聚类中心，并根据数据对象与聚类中心的距离将各个数据对象划分到相应的类中。

第五节 基于改进 CFS 聚类的不完整
数据填充算法

本节根据聚类结果，对深度学习模型进行改进，对不完整数据进行填充。首先通过聚类结果选取目标对象的训练数据集，对自动编码模型进行改进得到

填充自动编码机，利用填充自动编码机学习不完整数据的特征。将多个自动编码模型进行堆叠，形成深度填充网络，利用深度填充网络对缺失数据进行估计。

一、填充自动编码机

假设 X_i 为聚类后得到的第 i 个类并假设 X_i 中包含不完整数据对象，则 X_i 可以被拆分成两个子集 X_C 和 X_I，两个子集分别被称为完整数据子集与不完整数据子集，两者定义如式（5-5）所示：

$$X_C = \{x_i \in X\} \cap \{\forall j, \ x_{ij} \neq *\}$$
$$X_I = \{x_i \in X\} \cap \{\exists j, \ x_{ij} = *\}$$

$$(5-5)$$

其中，X_C 中每个数据对象被称为完整数据对象，X_I 中每个数据对象被称为不完整数据对象。X_C 和 X_I 满足 $X = X_C \cup X_I$，$X_C \cap X_I = \varnothing$。

为了学习 X_i 中不完整数据的特征并填充缺失值，首先构造填充自动编码机的训练数据集，即从完整数据子集 X_C 中随机选择 n 个对象组成实例集 $I = \{x_i | 1 \leqslant i \leqslant n\}$，对于 I 中每个数据对象，随机选择一些属性值并将其删除，模拟不完整数据对象。为了使填充自动编码机具有泛化性质，将删除的属性值赋予随机的填充值。如此一来，被破坏的数据对象构成训练集 $D = \{x_i' | 1 \leqslant i \leqslant n\}$。

如图 5-1 所示，填充自动编码模型以训练集 D 中的每个数据对象作为输入，并通过编码函数将其映射到隐藏层 y 中：

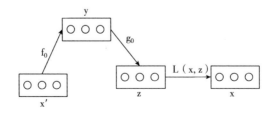

图 5-1 填充自动编码机

$$y = f_\theta(x') = s(W^{(1)}x' + b^{(1)}) \qquad (5-6)$$

然后，改进的降噪自动编码模型利用解码函数将 y 重构为 z：

$$z = g_{\theta'}(y) = s(W^{(2)}y + b^{(2)}) \qquad (5-7)$$

用最小化平均重构误差来训练模型参数，使重构数据对象尽力逼近实例对象。

$$\theta^*,\ \theta'^* = \mathrm{argmin}_{\theta,\theta'} \frac{1}{n} \sum_{i=1}^{n} L(x_i,\ z_i)$$

$$= \mathrm{argmin}_{\theta,\theta'} \frac{1}{n} \sum_{i=1}^{n} L(x_i,\ g_{\theta'}(f_\theta(x_i'))) \qquad (5-8)$$

与自动编码机一致，$\theta = \{W,\ b\}$ 和 $\theta' = \{W',\ b'\}$ 为网络参数，W 和 W′分别是大小为 $d' \times d$ 和 $d \times d'$ 的权值矩阵，并限定 $W' = W^T$，b 和 b′是偏置向量。L 为损失函数，本书采用传统的平方差函数 $L(x,\ z) = \|x - z\|^2$ 作为损失函数。

根据随机梯度下降算法，每当从数据集 I 中选择一个实例进行训练，填充自动编码机首先随机地选择该实例的部分属性，将其属性值置 0，得到一对数据 x 和 x′，然后通过式（5-9）和式（5-10）对自动编码机的权值进行一次更新。如此更新网络参数，直到整个网络趋于稳定。

$$W' = W - \eta\left(\frac{\partial L(X,\ Z)}{\partial W} + \lambda W\right) \qquad (5-9)$$

$$b' = b - \eta\left(\frac{\partial L(X,\ Z)}{\partial b} + \lambda b\right) \qquad (5-10)$$

其中，η 为学习速率，λ 是权重衰减因子，防止过度拟合。

二、深度填充网络与数据填充

本书以填充自动编码机为基础模块，构建三层网络模型。每一层网络输出都将作为上一层网络的输入，最上层作为提取的特征输出。训练过程分为预训练和微调两个阶段。首先自下而上地进行逐层训练获得网络初始化参数，最终通过反向传播算法对全局参数进行微调。

为了获取网络逐层训练监督对象，首先利用实例数据作为输入构建叠加自动编码机，获得实例数据的两层特征。栈式自动编码机结构如图 5 – 2 所示。

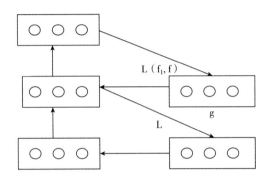

图 5 – 2　两层栈式自动编码机结构

本书以未经处理的原始实例数据 x 作为网络输入，在最下层可获取第一层特征 $t_1 = f_{\theta 0}(x)$，把特征 t_1 作为上一层网络的输入，获得第二层特征 $t_2 = f_{\theta 1}(t_1)$，该训练过程是局部的，即第二层网络更新本层的网络权重，对下层网络没有影响。通过这种方式可以初始化叠层网络参数，最后通过反向传播算法对网络全局参数进行微调。如此一来，我们能够获得对应于原始数据实例的两层特征 t_1 和 t_2。

本书构建的三层深度填充网络结构如图 5 – 3 所示。

深度实例网络以 x、t_1 和 t_2 作为监督数据，采用逐层向上的训练方法来初始化每层网络参数。首先，对数据实例 x 进行加噪处理，随机选取部分属性，将其属性值置 0，获得不完整数据模拟实例 x′；输入 x′获得不完整数据的第一

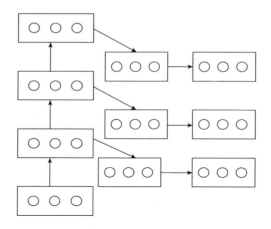

图5-3 三层深度填充网络

层特征 $t_1' = f_{\theta^0}(x')$ 及 $z = g_{\theta^0}(t_1')$。其次，根据叠加自动编码机在 f_{θ^0} 的基础上学习实例 x 的第一层特征 t_1，并以 t_1 作为监督数据，以 t_1' 为输入，进一步训练深度实例网络上一层的自动编码机，获得 x' 的第二层特征 $t_2' = f_{\theta^1}(t_1')$ 及 $z_1 = g_{\theta^1}(t_2')$，同时根据叠加自动编码机在 f_{θ^1} 的基础上学习实例 x 的第一层特征 t_2。最后，以 t_2 作为监督数据，以 t_2' 为输入，进一步训练深度实例网络上一层的自动编码机，获得 x' 的第三层特征 $t_3' = f_{\theta^2}(t_2')$ 及 $z_2 = g_{\theta^0}(t_3')$。深度实例网络逐层对实例特征进行逼近，在每一层都会降低缺失数据的影响，达到网络最顶层时即可对大数据本质进行深度抽象和特征提取。

从数据集 I 中逐一取出实例对深度实例网络进行训练，每训练一次，对网络参数进行一次更新，直到整个网络趋于稳定，获得最终的网络参数 θ^0、θ^1 和 θ^2。

在获得网络参数之后，本书首先抽取不完整数据集中每个数据对象的深度特征。对于不完整数据对象 x_c 而言，首先将其缺失属性的属性值置 0，构成 x_c'，以 x_c' 为输入，利用式（5-11）提取其深度特征：

$$t = f_{\theta^2}(f_{\theta^1}(f_{\theta^0}(x_i))) \qquad (5-11)$$

最后利用式（5 - 12）对不完整数据对象进行还原，获得缺失数据的填充值。

$$\tilde{x} = g_{\theta^0}(g_{\theta^1}(g_{\theta^2}(t)))\qquad(5-12)$$

本书提出的基于 CFS 聚类分析的不完整数据填充算法主要分为两个步骤，第一个步骤是利用改进的基于部分距离的 CFS 聚类算法对数据集进行聚类，第二个步骤是利用深度填充网络对缺失值进行估计。

在第一个步骤中，改进的 CFS 聚类算法将原始 CFS 聚类算法的欧式距离改为部分距离，并没有增加操作复杂度，因此改进的 CFS 聚类算法与原始 CFS 聚类算法的时间复杂度相同，即 O(n2)，其中 n 代表数据对象的数目。

在第二个步骤中，主要操作是利用反向传播算法对每个类的深度填充模型进行训练，其时间复杂度为 O(mi ∗ p ∗ q ∗ t)，其中 mi 表示第 i 个类中训练数据集的对象数目，p 和 q 表示每个数据对象的属性数目和特征数目，t 表示反向传播算法的迭代次数。

第六节　实验结果与分析

为了验证本书提出的算法的有效性，将本书提出的算法同最新两种数据填充算法 DLDBI（张建萍，2014）和 FIMUS（Bezdek，1981）进行对比。本书采用两组数据集验证提出的算法有效性。第一组数据集为 UCI 提供的数据集 Gisette，该数据集包含 13500 个数据对象，每个数据对象包含 5000 个数值属性；第二组数据集采自物联网实验，即 sIoT 数据集，该数据集包含 105 个数据对象，每个数据对象包含 650 个数值属性。实验硬件环境为服务器 6 核 12 线程，CPU 为 Intel Xeon E5 -2620，主频 2GHz，内存容量为 20GB，硬盘容量为

1TB，在 Matlab 上实现提出的算法及对比算法。

本书使用两个著名的标准来衡量算法的填充精度。第一个标准是 d_2，该标准用于衡量填充值与真实值的匹配程度，计算公式如式（5 - 13）所示：

$$d_2 = 1 - \left[\frac{\sum\limits_{i=1}^{n} (e_i - r_i)^2}{\sum\limits_{i=1}^{n} (|e_i - E| + |r_i - R|)^2} \right] \tag{5 - 13}$$

第二个标准是 RMSE，该标准用于衡量填充值与真实值之间的平均误差，计算公式如式（5 - 14）所示：

$$RMSE = \left(\frac{1}{n} \sum\limits_{i=1}^{n} |r_i - e_i|^2 \right)^{1/2} \tag{5 - 14}$$

在式（5 - 13）和式（5 - 14）中，n 代表缺失数值的数目；r_i 代表第 i 个缺失值的真实值；e_i 代表第 i 个缺失值的填充值；R 代表 r_i 的平均值；E 代表 e_i 的平均值，i = 1，2，…，n。根据两个标准的定义，对于一个算法来讲，d_2 的值越大，说明该算法的填充精度越高。相反，RMSE 的值越小，则算法的填充精度越高。

为了验证本书提出的算法的有效性，人为地从数据集中删除一部分数据，模拟不完整数据集，在填充完成之后，将填充值与真实值进行比较，得到算法的填充精度。由于填充精度受到缺失数据数目和缺失模式影响，因此本书人工制造两种缺失值，单模式缺失和多模式缺失。在单模式缺失中，每个数据对象只允许含有一个缺失值，多模式缺失则允许每个数据对象含有多个缺失值。本书分别从数据集中选择 1%、5%、10% 和 20% 的数据对象，并删除这些数据对象的部分属性值，模拟缺失数据。

一、填充精度实验结果

本书设置了两种缺失模式，每种缺失模式包含四种缺失数据率，因此共有八种缺失组合。为了验证算法的鲁棒性，每种组合生成五种不同的数据集，每个数据集的缺失属性不同。取五种不同数据集的平均填充结果作为每种组合的填充结果。实验结果如表 5-2 至表 5-5 所示。

表 5-2　Gisette 数据集填充精度：d_2

组合		算法		
缺失率（%）	缺失模式	本书算法	FIMUS	DMI
1	单缺失模式	**0.752**	0.736	0.728
	多缺失模式	0.721	**0.725**	0.722
5	单缺失模式	**0.744**	0.732	0.711
	多缺失模式	**0.711**	0.709	0.693
10	单缺失模式	**0.723**	0.612	0.684
	多缺失模式	**0.699**	0.679	0.667
20	单缺失模式	**0.717**	0.649	0.638
	多缺失模式	**0.681**	0.627	0.611

表 5-3　Gisette 数据集填充结果：RMSE

组合		算法		
缺失率（%）	缺失模式	本书算法	FIMUS	DMI
1	单缺失模式	**0.216**	0.253	0.288
	多缺失模式	**0.264**	**0.268**	0.297
5	单缺失模式	**0.221**	0.267	0.299
	多缺失模式	**0.253**	0.281	0.308
10	单缺失模式	**0.242**	0.289	0.307
	多缺失模式	**0.261**	0.306	0.323
20	单缺失模式	**0.259**	0.311	0.334
	多缺失模式	**0.298**	0.330	0.359

表 5 - 4   sIoT 数据集填充精度：d_2

组合		算法		
缺失率（%）	缺失模式	本书算法	FIMUS	DMI
1	单缺失模式	0.813	**0.814**	0.798
	多缺失模式	0.806	**0.808**	0.791
5	单缺失模式	**0.811**	0.809	0.791
	多缺失模式	**0.802**	0.801	0.773
10	单缺失模式	**0.807**	0.799	0.784
	多缺失模式	**0.797**	0.786	0.769
20	单缺失模式	**0.801**	0.779	0.757
	多缺失模式	**0.783**	0.758	0.736

表 5 - 5   sIoT 数据集填充结果：RMSE

组合		算法		
缺失率（%）	缺失模式	本书算法	FIMUS	DMI
1	单缺失模式	**0.127**	0.171	0.196
	多缺失模式	**0.133**	0.177	0.185
5	单缺失模式	**0.131**	0.189	0.188
	多缺失模式	**0.142**	0.196	0.204
10	单缺失模式	**0.134**	0.188	0.201
	多缺失模式	**0.155**	0.203	0.209
20	单缺失模式	**0.142**	0.192	0.206
	多缺失模式	**0.169**	0.199	0.218

从表 5 - 2 和表 5 - 4 显示的结果可以看到，对于 Gisette 数据集和 sToT 数据集而言，在绝大多数情况下，本书提出的算法获得的 d_2 值大于 FIMUS 算法和 DMI 算法的。表 5 - 3 和表 5 - 5 结果显示，对于 Gisette 数据集和 sIoT 数据集而言，对于任意一种组合本书提出的算法获得的平均 RMSE 值都小于 FIMUS 算法和 DMI 算法的。因此，本书提出的算法填充精度最高。

接下来，我们探索填充精度与缺失模式和缺失率的关系。如图 5 – 4 至图 5 –7 所示。

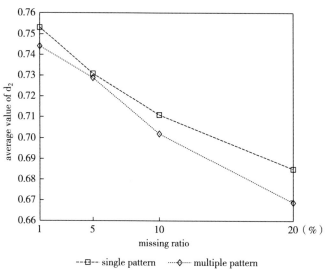

图 5 – 4　Gisette 数据集填充精度：d$_2$

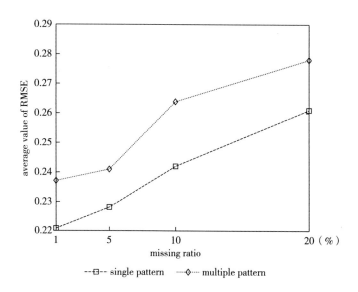

图 5 – 5　Gisette 数据集填充精度：RMSE

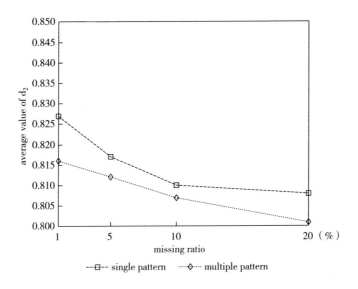

图 5 - 6   sIoT 数据集填充精度：d_2

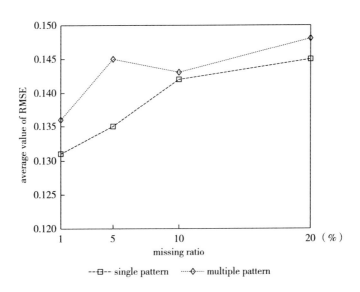

图 5 - 7   sIoT 数据集填充精度：RMSE

图 5 - 4 至图 5 - 7 结果显示，对于两种数据集而言，随着缺失率的提高，

算法的 d_2 值逐渐变小，同时 RMSE 值逐渐提高。这说明，随着缺失率的提高，算法的填充精度下降。此外，单模式下的 d_2 值大于多模式下的 d_2 值，同时单模式下的 RMSE 值小于多模式下的 RMSE 值，说明算法在单模式情况下的填充精度高于多模式下的填充精度。

尽管对于两个数据集而言，随着数据缺失率的增加，算法的填充精度都有所下降。然而从实验结果中可以看到，当数据缺失率增加时，算法填充 sIoT 的 d_2 值减小的速度低于填充 Gisette 数据集的 d_2 值减小的速度，说明本书提出的算法对于填充大型数据集时，表现得更加稳定，效果优于填充小型数据集。尤其是当 sIoT 数据缺失率超过 10% 以后，随着数据缺失率的增加，算法得到的 RMSE 值增加得非常缓慢，充分表明本书提出的算法能够有效地填充不完整大数据。

二、运行时间实验结果

为了验证本书提出的算法的效率，在相同的硬件环境下运行三个算法。算法的执行时间如表 5 - 6 和表 5 - 7 所示。

表 5 - 6　在 Gisette 数据集上运行时间　　　　　单位：秒

组合		算法		
缺失率（%）	缺失模式	本书算法	FIMUS	DMI
1	单缺失模式	**585**	3024	3826
	多缺失模式	**691**	3553	4274
5	单缺失模式	**612**	3227	3935
	多缺失模式	**689**	3827	4304
10	单缺失模式	**634**	3714	3126
	多缺失模式	**702**	3962	4409

续表

组合		算法		
缺失率（%）	缺失模式	本书算法	FIMUS	DMI
20	单缺失模式	**675**	3012	4453
	多缺失模式	**711**	3240	4754

表 5 - 7　在 sIoT 数据集上运行时间　　　　　单位：秒

组合		算法		
缺失率（%）	缺失模式	本书算法	FIMUS	DMI
1	单缺失模式	**3087**	7159	8526
	多缺失模式	**3204**	6925	9069
5	单缺失模式	**2994**	7472	8557
	多缺失模式	**3311**	7144	7982
10	单缺失模式	**3167**	6919	8754
	多缺失模式	**3049**	7116	8095
20	单缺失模式	**3102**	7308	7813
	多缺失模式	**3241**	7483	9005

表 5 - 6 和表 5 - 7 的结果显示，本书提出的算法运行时间明显低于 FIMUS 算法和 DMI 算法的，这充分表明本书提出的算法运行效率高于 FIMUS 算法和 DMI 算法的。

本章小结

本章阐述了深度计算模型 CFS 聚类算法在不完整大数据填充方面的应用。

首先简要分析了大数据不完整性的产生原因及现状，归纳了不完整性给大数据聚类和填充带来的科学挑战，总结了不完整大数据可能性聚类和填充存在的关键问题。针对不完整大数据填充的问题，提出了基于改进 CFS 聚类算法的不完整数据填充算法。

不完整性是导致大数据价值密度低的主要因素之一，在大数据集中普遍存在大量的缺失数据，这些缺失数据的存在为大数据的聚类、特征学习和填充提出了科学挑战。为此，本书通过将部分距离策略应用到 CFS 聚类当中，设计基于部分距离策略的 CFS 聚类算法，对不完整数据进行聚类。根据聚类结果对自动编码模型进行改进，提出填充自动编码机，使其能够学习不完整大数据的特征。以填充自动编码机为基础模块，构建深度填充网络，对不完整数据进行填充。

在实验中采用 Gisette 和 sIoT 两个数据集对本章提出的填充算法进行性能验证。实验结果表明，本章提出的算法能够有效地填充不完整数据集，同时具有很高的运行效率。

第六章

结论与展望

第一节　本书总结

　　大数据给工业界、教育界和医疗界等众多行业带来了巨大的潜在价值。大数据具有海量性、异构性、实时性和低价值密度性的特点，这些特点给大数据的分析和管理带来了巨大的挑战。如何对大数据聚类，挖掘大数据的隐藏价值，推动大数据的分析和管理技术，是一项巨大的科学挑战。

　　作为数据挖掘的典型技术之一，聚类根据数据对象之间的相似性，将数据集划分成多个簇，其目标是使簇内的对象尽可能相似，簇间对象尽可能不同。近些年，聚类已经广泛应用于电子商务、金融欺诈和医疗诊断等领域。然而当前的聚类算法在大数据聚类方面依然存在许多关键的科学问题。本书围绕着大数据的本质特征，深入研究了面向聚类分析的 CFS 算法，对 CFS 聚类算法进行改进，通过实验验证了本书提出的算法和模型的有效性。具体研究工作包括以下几个方面：

第一，面向异构数据聚类分析的高阶 CFS 聚类算法。

异构性是指大数据同时包含多种类型的数据，包括文本数据、图像数据、图形数据、语音数据和视频数据等，这些数据涵盖了结构化数据、半结构化数据和非结构化数据多种类型。

传统 CFS 聚类算法工作在向量空间，仅适合对单一类型数据聚类，无法有效地捕捉异构数据之间复杂的关联，因此无法有效对异构数据进行聚类。如何对 CFS 算法进行改进，是 CFS 算法面向大数据聚类分析首要解决的科学问题。

针对大数据的异构性，提出了基于自适应 Dropout 模型的高阶 CFS 聚类算法。研究了如何对 Dropout 模型进行自适应改进，有效地学习异构数据的特征。研究将传统 CFS 聚类算法从向量空间扩展到张量空间，通过向量外积将异构数据特征进行关联，实现对异构数据的聚类。研究张量空间的距离度量方式，将张量距离引入 CFS 聚类算法，捕捉异构数据在张量空间的分布特征。

在实验过程中，将提出的高阶 CFS 聚类算法与最新的异构数据聚类算法进行对比验证提出的算法的有效性。实验结果表明，基于自适应 Dropout 模型的高阶 CFS 聚类算法能够有效地对异构数据聚类。

第二，面向海量数据聚类的安全 CFS 聚类算法。

海量性是指数据的产生速度极快，数据量巨大。仅仅依赖客户端计算机难以完成对海量数据的聚类任务。因此需要结合云计算的强大计算能力，提高 CFS 聚类的效率。然而直接利用云计算完成大数据聚类任务，将会泄露大数据的敏感信息，无法保护大数据的安全性。因此，如何在运用云计算提高聚类算法效率的同时，保护大数据的隐私和安全，是面向大数据聚类分析的又一科学挑战。

针对大数据的海量性与隐私问题，本书提出支持隐私保护的云端安全高阶

CFS 聚类算法。研究全同态加密方案，采用同态加密算法对数据进行加密，实现安全的反向传播算法，训练自适应 Dropout 模型的参数。研究 BGV 加密方案的各种操作，采用 BGV 加密方案对 CFS 算法加密，实现云端安全的 CFS 聚类算法。在利用云计算提升大数据聚类分析效率的同时，保护大数据的隐私与安全。

在实验中，通过聚类正确率和运行时间两个方面验证安全 CFS 聚类算法的有效性。实验结果表明，在大数据聚类方面，本书提出的方案能够充分利用云计算的计算性能，同时保护大数据的隐私数据。

第三，面向动态数据聚类分析的增量式 CFS 聚类算法。

实时性是指大数据具有高速变化特性和实时性，即数据以极快的速度产生，其内容和分布特征均处于高速动态变化之中，而且这些数据要求被实时处理。

CFS 是一种静态聚类算法，无法根据新增数据的特征，对动态变化的数据进行增量式聚类。如何对 CFS 进行改进，使其能够实时地对大数据进行增量式聚类，是大数据聚类分析面临的又一关键科学挑战。

针对大数据的实时性，本书提出增量式 CFS 聚类算法。研究数据以流式形式到来的环境下，如何针对单个数据对象进行增量式聚类，在完成对象分配后，如何有效地更新聚类中心；研究批量数据对象的增量式聚类方法，通过聚类的新建和合并操作将新增数据的聚类结果融入原有聚类当中，并对原有聚类结果进行增量式更新。通过以上两种更新策略，提高动态数据聚类的实时性。

在实验过程中，将增量式 CFS 聚类算法和传统 CFS 聚类算法进行对比，从聚类正确率与聚类效率两个方面对提出的算法进行验证。实验结果表明，增量式 CFS 聚类算法在对大数据集进行聚类时，能够在保持聚类精度的同时，提高聚类的效率，在一定程度上满足大数据聚类的实时性要求。

第四，面向不完整数据的 CFS 聚类算法研究。

不完全性是指大数据中存在大量的缺失数据。不完全性给数据分析和挖掘带来巨大的挑战。例如，传统的聚类方法无法直接度量不完整数据对象之间的距离，导致无法直接对不完整数据进行聚类。除此之外，传统的机器学习方法，包括前文提出的几种深度计算模型，均无法直接学习不完全数据的特征。因此，不完全数据聚类分析与填充，是面向大数据特征学习的一项重要科学挑战。

针对大数据的不完全性，本书提出了基于部分距离策略的不完整数据 CFS 聚类算法。研究部分距离策略，将其引入 CFS 聚类算法，度量不完整数据对象的相似性，对不完整大数据进行聚类。根据聚类结果对不完整数据进行填充，提高不完整数据填充的准确性。

在实验中，采用 d_2 和 RMSE 作为评价指标对本书提出的数据填充算法进行性能验证。实验结果表明，本书提出的算法不但能够对不完整数据进行聚类，而且能够有效提高数据填充精度。

第二节 创新点

本书的创新点总结如下：

第一，针对 CFS 聚类算法无法对异构数据进行聚类的问题，提出基于自适应 Dropout 模型的高阶 CFS 聚类算法。研究如何将 CFS 聚类算法从向量空间扩展到张量空间，实现对 CFS 聚类算法的扩展和泛化，有效地对异构数据进行聚类。实验结果表明，本书提出的高阶 CFS 聚类算法能够有效地对异构数据进行聚类。

第二，针对 CFS 聚类算法在云端执行过程中容易泄露敏感信息的问题，提出支持隐私保护的云端安全 CFS 聚类算法。研究基于全同态加密的反向传播算法，实现云端安全参数训练。通过对 CFS 聚类算法加密，保护数据在云端聚类过程中的隐私和安全。实验结果表明，在保证数据隐私安全的前提下，本书提出的算法能够充分利用云计算提升大数据聚类分析的效率。

第三，针对深度计算模型在云端执行过程中容易泄露数据敏感信息的问题，提出增量式 CFS 聚类算法。研究基于单个数据对象更新的增量式 CFS 聚类算法和基于批量数据更新的增量式 CFS 聚类算法，提高大数据聚类的实时性。实验结果表明，增量式 CFS 聚类算法在保持对数据的聚类精度的同时，能够在最大程度上提高大数据聚类分析的效率与实时性。

第三节　未来展望

聚类是大数据分析和挖掘的重要技术之一，有效地对海量、异构与快速变化的大数据聚类，还面临着一系列的挑战和关键问题。本书以 CFS 聚类算法为基础，从大数据的海量性、异构性和实时性三个方面，对 CFS 聚类算法进行了深入的研究和探讨。尽管在 CFS 聚类算法改进方面取得了一定的进展，但是依然存在很多不足。因此，需要进一步研究以下几个方面的内容：

第一，本书提出的支持隐私保护的云端安全高阶 CFS 聚类算法采用全同态方案对数据和算法进行加密，保护数据在云端聚类过程中的隐私和安全。然而利用全同态加密方案对数据进行加密，然后在密文上执行聚类和特征学习算法，会急剧增加运行时间的复杂度，导致运行效率不高。探索更为高效的隐私保护方案，进一步提高云端聚类效率，是未来工作的重点研究课题。

第二，本书提出的增量式 CFS 聚类算法和基于部分距离策略的 CFS 聚类算法只适合对结构化数据或者单一类型数据进行聚类，如何对增量式 CFS 聚类和基于部分距离策略的 CFS 聚类算法进行优化和扩展，使其能够对复杂异构实现增量式聚类，如何对不完整对象在高阶张量空间的相似性度量，是 CFS 聚类算法未来研究的一个重要课题。

　　第三，大数据价值密度低，具体地说表现为大数据集中包括大量的不精确数据、不完整数据、不正确数据、噪声数据和陈旧冗余数据。本书设计的优化 CFS 聚类算法只针对不完整这一特性展开，能够学习不完整数据的特征。进一步优化 CFS 聚类算法，对不精确数据、不正确数据、噪声数据和陈旧冗余数据进行有效聚类，是 CFS 聚类算法未来研究的又一重要内容。

参考文献

［1］白亮．聚类学习的理论分析与高效算法研究［D］．太原：山西大学博士学位论文，2012.

［2］鲍培明．基于 BP 网络的模糊 Petri 网的学习能力［J］．计算机学报，2004，27（5）：695－702.

［3］卜范玉，陈志奎，张清辰．基于深度学习的不完整大数据填充算法［J］．微电子学与计算机，2014，31（12）：173－176.

［4］陈先昌．基于卷积神经网络的深度学习算法与应用［D］．杭州：浙江工商大学硕士学位论文，2013.

［5］陈志奎，杨英达，张清辰，等．基于属性约简的物联网不完全数据填充算法［J］．计算机工程与设计，2013，34（2）：418－422.

［6］陈智罡，王箭，宋新霞．全同态加密研究［J］．计算机应用研究，2014，31（6）：1624－1630.

［7］韩晶．大数据服务若干关键技术研究［D］．北京：北京邮电大学博士学位论文，2013.

［8］韩旭东，夏士雄，刘兵，等．一种基于核的快速可能性聚类算法［J］．计算机工程与应用，2011，47（6）：176－180.

［9］胡雅婷．可能性聚类方法研究及应用［D］．长春：吉林大学博士学

位论文，2012.

［10］郭晓娟，刘晓霞，李晓玲．层次聚类算法的改进及分析［J］．计算机应用与软件，2008，25（6）：3.

［11］李国杰．大数据研究的科学价值［J］．中国计算机学会通讯，2012，8（9）：8-15.

［12］刘建伟，刘媛，罗雄麟．玻尔兹曼机研究进展［J］．计算机研究与发展，2014，51（1）：1-16.

［13］马帅，李建欣，胡春明．大数据科学与工程的挑战与思考［J］．中国计算机学会通讯，2012，8（9）：22-30.

［14］孟小峰，慈祥．大数据管理：概念、技术与挑战［J］．计算机研究与发展，2013，50（1）：146-169.

［15］彭伟．面向云计算安全的同态加密技术应用研究［D］．重庆：重庆大学硕士学位论文，2014.

［16］纳跃跃，于剑．一种用于谱聚类图像分割的像素相似度计算方法［J］．南京大学学报（自然科学版），2013（2）：34-43.

［17］曲福恒，胡雅婷，马驷良．基于模拟退火的无监督核模糊聚类算法［J］．吉林大学学报（理学版），2009，47（2）：317-322.

［18］孙志军，薛磊，许阳明，等．深度学习研究综述［J］．计算机应用研究，2012，29（8）：2806-2810.

［19］覃雄派，王会举，杜小勇，等．大数据分析——RDBMS与MapReduce的竞争与共生［J］．软件学报，2012，23（1）：32-45.

［20］武小红，周建江，李海林，等．基于非欧式距离的可能性C-均值聚类［J］．南京航空航天大学学报，2007，38（6）：702-705.

［21］武小红，周建江．可能性模糊C-均值聚类新算法［J］．电子学报，2008，36（10）：1996-2000.

［22］杨兵. 基于张量数据的机器学习方法研究与应用［D］. 北京：中国农业大学博士学位论文，2014.

［23］殷力昂. 一种在深度结构中学习原型的分类方法［D］. 上海：上海交通大学硕士学位论文，2012.

［24］尹宝才，王文通，王立春. 深度学习研究综述［J］. 北京工业大学学报，2015，41（1）：48 - 59.

［25］余凯，贾磊，陈雨强，等. 深度学习的昨天、今天和明天［J］. 计算机研究与发展，2013，50（9）：1799 - 1804.

［26］张建萍. 基于计算智能技术的聚类分析研究与应用［D］. 济南：山东师范大学博士学位论文，2014.

［27］周丙寅. 张量分解及其在动态纹理中的应用［D］. 石家庄：河北师范大学博士学位论文，2010.

［28］朱友文. 分布式环境下的隐私保护技术及其应用研究［D］. 合肥：中国科学技术大学博士学位论文，2012.

［29］Armbrust M. , et al. A view of cloud computing［J］. Communications of the ACM, 2010, 53（4）：50 - 58.

［30］Barni M. , et al. Comments on a possibilistic approach to clustering［J］. IEEE Transactions on Fuzzy Systems, 1996, 4（3）：393 - 396.

［31］Bengio Y. , Courville A. , Vincent P. Representation learning：A review and new perspectives［J］. IEEE Transactions on Pattern Analysis and Machine Intelligence, 2013, 35（8）：1798 - 1828.

［32］Bengio Y. , Lamblin P. , Popovici D. , et al. Greedy layer - wise training of deep networks［R］. Advances in Neural Information Processing Systems, 2007.

［33］Bezdek J. C. Pattern recognition with fuzzy objective function algorithms［M］. New York：Plenum Press, 1981.

［34］ Big data across the federal government ［EB/OL］. http：//www. white-house. gov/sites/default/files/microsites/ostp/big_ data_ fact_ sheet_ final_ 1. pdf, 2012 – 10 – 02.

［35］ Boneh D. , Goh E. J. , Nissim K. Evaluating 2 –DNF formulas on cipher-texts ［M］//Theory of Cryptography. Berlin, Heidelberg：Springer, 2005.

［36］ Boureau Y. , Cun Y. L. Sparse feature learning for deep belief networks ［C］//Advances in Neural Information Processing Systems. Vancouver, Canada：MIT, 2008.

［37］ Bourlard H. , Kamp Y. Auto – association by multilayer perceptrons and singular value decomposition ［J］. Biological Cybernetics, 1988, 59（4/5）：291 – 294.

［38］ Brakerski Z. , Gentry C. , Vaikuntanathan V. （Leveled）fully homo-morphic encryption without bootstrapping ［C］//The 3rd Innovations in Theoretical Computer Science Conference. Massachusetts, USA：ACM, 2012.

［39］ Brakerski Z. , Vaikuntanathan V. Efficient fully homomorphic encryption from（standard）LWE ［J］. SIAM Journal on Computing, 2014, 43（2）：831 –871.

［40］ Brakerski Z. Fully homomorphic encryption without modulus switching from classical GapSVP ［M］//Advances in Cryptology – CRYPTO. Berlin, Heidel-berg：Springer, 2012.

［41］ Bu F. , Chen Z. , Zhang Q. , et al. Incomplete big data clustering algo-rithm using feature selection and partial distance ［C］//International Conference on Digital Home. Guangzhou, China：IEEE, 2014.

［42］ Bekkerman R . Combinatorial markov random fields and their applications to information organization ［R］. University of Massachusetts Amherst, 2008.

［43］ Brendan J. Frey, Delbert Dueck. Clustering by passing messages between data points [J]. Science, 2007, 315 (February): 973.

[44] Campolucci P., Uncini A., Piazza F., et al. On – line learning algorithms for locally recurrent neural networks [J]. IEEE Transactions on Neural Networks, 1999, 10 (2): 253 –271.

[45] Casella G., George E. I. Explaining the Gibbs sampler [J]. The American Statistician, 1992, 46 (3): 167 –174.

[46] Chakraborty D., Pal N. R. A novel training scheme for multilayered perceptrons to realize proper generalization and incremental learning [J]. IEEE Transactions on Neural Networks, 2003, 14 (1): 1 –14.

[47] Chen X., Lin X. Big data deep learning: Challenges and perspectives [J]. IEEE Access, 2014 (2): 514 – 525.

[48] Chien J. T., Hsieh H. L. Nonstationary source separation using sequential and variational Bayesian learning [J]. IEEE Transactions on Neural Networks and Learning Systems, 2013, 24 (5): 681 –694.

[49] Coates A., Ng A. Y., Lee H. An analysis of single – layer networks in unsupervised feature learning [C] //International Conference on Artificial Intelligence and Statistics. Ft. Lauderdale, USA: ACM, 2011.

[50] Coates A., Huval B., Wang T., et al. Deep learning with cots hpc systems [C] //The 30th International Conference on Machine Learning. Atlanta, USA: ACM, 2013.

[51] Collobert R., Weston J., Bottou L. Natural language processing from scratch [J]. Journal of Machine Learning Research, 2011 (12): 2493 –2537.

[52] Coron J. S., Mandal A., Naccache D., et al. Fully homomorphic encryption over the integers with shorter public keys [M] //Advances in Cryptology – CRYPTO. Berlin, Heidelberg: Springer, 2011.

[53] Coron J. S., Naccache D., Tibouchi M. Public key compression and modulus switching for fully homomorphic encryption over the integers [M] // Advances in Cryptology – EUROCRYPT 2012. Berlin, Heidelberg: Springer, 2012.

[54] Dahl G., Yu D., Deng L. Context – dependent pretraining deep neural networks for large vocabulary speech recognition [J]. IEEE Transactions on Audio, Speech, and Language Processing, 2012, 20 (1): 30 – 42.

[55] Damgard I., Jurik M. A generalisation, a simpli cation and some applications of Paillier's probabilistic public – key system [M]. Berlin, Heidelberg: Springer, 2001.

[56] Dean J., Corrado G., Monga R., et al. Large scale distributed deep networks [C] //Advances in Neural Information Processing Systems. Nevada, United States: MIT, 2012.

[57] Deng L., Yu D., Platt J. Scalable stacking and learning for building deep architectures [C] // IEEE International Conference on Acoustics, Speech and Signal Processing. Kyoto, Japan: IEEE, 2012.

[58] Dhillon I. S., Guan Y., Kulis B. A fast kernel – based multilevel algorithm for graph clustering [C]. Eleventh Acm Sigkdd International Conference on Knowledge Discovery in Data Mining, 2005.

[59] ElGamal T. A public key cryptosystem and a signature scheme based on discrete logarithms [M] //Advances in Cryptology. Berlin, Heidelberg: Springer, 1985.

[60] Elwell R., Polikar R. Incremental learning of concept drift in nonstationary environments [J]. IEEE Transactions on Neural Networks, 2011, 22 (10): 1517 – 1531.

[61] Farabet C., LeCun Y., Kavukcuoglu K., et al. Large – scale FPGA –

based convolutional networks [J]. Machine Learning on Very Large Data Sets, 2011: 399 –419.

[62] Filippone M. , et al. Applying the possibilistic c – means algorithm in kernel – induced spaces [J]. IEEE Transactions on Fuzzy Systems, 2010, 18 (3): 572 –584.

[63] Fisher W. M. , Doddington G. R. , Goudie – Marshall K. M. The DARPA speech recognition research database: Specifications and status [C]. Proceedings of DARPA Workshop on Speech Recognition, 1986.

[64] Fu L. M. , Hsu H. H. , Principe J. C. Incremental backpropagation learning networks [J]. IEEE Transactions on Neural Networks, 1996, 7 (3): 757 –761.

[65] Gehring J. , Miao Y. , Metze F. , et al. Extracting deep bottleneck features using stacked auto – encoders [C] // IEEE International Conference on Acoustics, Speech and Signal Processing. Vancouver, Canada: IEEE, 2013.

[66] Geman S. , Geman D. Stochastic relaxation, gibbs distributions, and the bayesian restoration of images [J]. IEEE Transactions on Pattern Analysis and Machine Intelligence, 1984 (6): 721 –741.

[67] Gentry C. , Sahai A. , Waters B. Homomorphic encryption from learning with errors: Conceptually – simpler, asymptotically – faster, attribute – based [M] //Advances in Cryptology – CRYPTO. Berlin, Heidelberg: Springer, 2013.

[68] Gentry C. Fully homomorphic encryption using ideal lattices [C] //The 41st ACM Symposium on Theory of Computing. Bethesda, Maryland: ACM, 2009.

[69] Goldwasser S. , Micali S. Probabilistic encryption [J]. Journal of Computer and System Sciences, 1984, 28 (2): 270 –299.

[70] Goodfellow I. , Lee H. , Le Q. V. , et al. Measuring invariances in deep

networks [C] //Advances in Neural Information Processing Systems. Vancouver, Canada: MIT, 2009.

[71] Guillaumin M., Verbeek J., Schmid C. Multimodal semi – supervised learning for image classification [C] //IEEE Conference on Computer Vision and Pattern Recognition. San Francisco, USA: IEEE, 2010.

[72] Havens C. H., Bezdek J. C., Leckie C., et al. Fuzzy c – means algorithms for very large data [J]. IEEE Transactions on Fuzzy Systems, 2012, 20 (6): 1130 – 1147.

[73] Hsiao W. F., Chang T. M. An incremental cluster – based approach to spam filtering [J]. Expert Systems with applications, 2008, 34 (3): 1599 – 1608.

[74] Huiskes J. M., Lew S. M. The MIR flickr retrieval evaluation [C]. 2008 ACM International Conference on Multimedia Information Retrieval, New York, USA, 2008.

[75] Huiskes M. J., Thomee B., Lew M. S. New trends and ideas in visual concept detection: The MIR flickr retrieval evaluation initiative [C]. The international conference on Multimedia Information Retrieval, ACM, 2010.

[76] Hutchinson B., Deng L., Yu D. Tensor deep stacking networks [J]. IEEE Transactions on Pattern Analysis and Machine Intelligence, 2013, 35 (8): 1944 – 1957.

[77] Jones N. Computer science: The learning machines [J]. Nature, 2014, 505 (7482): 146 – 148.

[78] Kirk J. IBM join forces to build a brain – like computer. PCWorld [EB/OL]. http: //www. pcworld. com/article/2051501/universities – join – ibm – in – cognitive – computing – researchproject. html, 2013 – 12 – 01.

[79] Kolda T. G., Bader B. W. Tensor decompositions and applications [J].

SIAM Review, 2009, 51 (3): 455 – 500.

[80] Krishnapuram R. , Keller J. M. A possibilistic approach to clustering [J]. IEEE Transactions on Fuzzy Systems, 1993, 1 (2): 98 – 110.

[81] Krishnapuram R. , Keller M. J. A possibilistic approach to clustering [J]. IEEE Transactions on Fuzzy Systems, 1993, 1 (2): 98 – 110.

[82] Krizhevsky A. , Hinton G. Learning multiple layers of features from tiny images [J]. Computer Science Department, University of Toronto, Tech. Rep, 2009, 1 (4): 7.

[83] Krizhevsky A. , Sutskever I. , Hinton G. E. Imagenet classification with deep convolutional neural networks [C] //Advances in Neural Information Processing Systems. Nevada, United States: MIT, 2012.

[84] Kuang L. , Hao F. , Yang L. T. , et al. A Tensor – Based Approach for Big Data Representation and Dimensionality Reduction [J]. IEEE Transactions on Emerging Topics in Computing, 2014, 2 (3): 280 – 291.

[85] Le Q. V. Building high – level features using large scale unsupervised learning [C] //IEEE International Conference on Acoustics, Speech and Signal Processing. Vancouver, Canada: IEEE, 2013.

[86] LeCnn Y. , Bengio Y. , Haffner P. Gradient – based learning applied to document recognition [J]. Proceedings of IEEE, 1988, 86 (21): 2278 – 2324.

[87] LeCnn Y. , Kavukcuoglu K. , Farabet C. Convolutional networks and applications in vision [C] // IEEE International Symposium on Piscataway. NJ: IEEE, 2010.

[88] Li D. , Gu H. , Zhang L. A fuzzy c – means clustering algorithm based on nearest – neighbor intervals for incomplete data [J]. Expert Systems with Applications, 2010, 37 (10): 6942 – 6947.

[89] Liang N. Y. , Huang G. B. , Saratchandran P. , et al. A fast and accurate online sequential learning algorithm for feedforward networks [J]. IEEE Transactions on Neural Networks, 2006, 17 (6): 1411 – 1423.

[90] Lim C. P. , Harrison R. F. Online pattern classification with multiple neural network systems: An experimental study [J]. IEEE Transactions on Systems, Man, and Cybernetics, Part C: Applications and Reviews, 2003, 33 (2): 235 – 247.

[91] Liu B. A sample weighted possibilistic fuzzy clustering algorithm [J]. Acta Electronica Sinica, 2008, 36 (10): 1996 – 2000.

[92] Liu Y. , Chan K. C. C. Tensor distance based multilinear locality – preserved maximum information embedding [J]. IEEE Transactions on Neural Networks, 2010, 21 (11): 1848 – 1854.

[93] López – Alt A. , Tromer E. , Vaikuntanathan V. On – the – fly multiparty computation on the cloud via multikey fully homomorphic encryption [C] //The 44th Annual ACM Symposium on Theory of Computing. New York, USA: ACM, 2012.

[94] Long B. , Zhang Z. , Yu P. S. Co – clustering by block value decomposition [C] . Eleventh Acm Sigkdd International Conference on Knowledge Discovery & Data Mining, 2005.

[95] Long W. , Ping Y. , Amazit L. , et al. SRC – 3Delta4 mediates the interaction of EGFR with FAK to promote cell migration [J] . Molecular Cell, 2010, 37 (3): 321 – 332.

[96] Meng L. , Tan A. H. , Xu D. , et al. Semi – supervised heterogeneous fusionfor multimedia data co – clustering [R] . IEEE Transactions on Knowledge and Data Engineering, 2014.

[97] MacQueen J. B. Some methods for classification and analysis of multivari-

ate observations [C] //Proceedings of 5th Berkeley Symposium on Mathematical Statistics and Probability. Berkeley: University of California Press, 1967.

[98] Manyika J., Chui M., Brown B., et al. Big data: The next frontier for innovation, competition, and productivity [J]. McKinsey Global Institute, 2011, 5 (33): 1 – 137.

[99] Martens J. Deep learning via Hessian – free optimization [C] //The 27th International Conference on Machine Learning. Haifa, Israel: ACM, 2010.

[100] Nature Big Data [EB/OL]. http: //www. nature. com/news/specials/bigdata/index. html, 2012 – 10 – 02.

[101] Ngiam J., Khosla A., Kim M., et al. Multimodal deep learning [C] //The 28th International Conference on Machine Learning. Washington, USA: ACM, 2011.

[102] Olshausen B. A. Emergence of simple – cell receptive field properties by learning a sparse code for natural images [J]. Nature, 1996, 381 (6583): 607 –609.

[103] Paillier P. Public – key cryptosystems based on composite degree residuosity classes [C] //Advances in Cryptology – EUROCRYPT. Berlin, Heidelberg: Springer, 1999.

[104] Pal N. R., et al. A possibilistic fuzzy c –means clustering algorithm [J]. IEEE Transactions on Fuzzy Systems, 2005, 13 (4): 517 –530.

[105] Patterson E. K., Gurbuz S., Tufekci Z., et al. CUAVE: A new audio – visual database for multimodal human – computer interface research [C] //IEEE International Conference onAcoustics, Speech, and Signal Processing. Orlando, USA: IEEE, 2002.

[106] Platt J. A resource – allocating network for function interpolation [J]. Neural Computation, 1991, 3 (2): 213 –225.

［107］ Polikar R．, Upda L．, Upda S. S．, et al. Learn + +: An incremental learning algorithm for supervised neural networks ［J］. IEEE Transactions on Systems, Man, and Cybernetics, Part C: Applications and Reviews, 2001, 31 (4): 497 – 508.

［108］ Poultney C．, Chopra S．, Cun Y. L. Efficient learning of sparse representations with an energy – based model ［C］ //Advances in Neural Information Processing Systems. Vancouver, B. C. Canada: MIT, 2006.

［109］ Pérez – Sánchez B．, Fontenla – Romero O．, Guijarro – Berdiñas B．, et al. An online learning algorithm for adaptable topologies of neural networks ［J］. Expert Systems with Applications, 2013, 40 (18): 7294 – 7304.

［110］ Pérez – Sánchez B．, Fontenla – Romero O．, Guijarro – Berdiñas B. An incremental learning method for neural networks in adaptive environments ［C］ //International Joint Conference on Neural Networks. Barcelona, Spain: IEEE, 2010.

［111］ Raina R．, Madhavan A．, Ng A. Y. Large – scale deep unsupervised learning using graphics processors ［C］ //The 26th International Conference on Machine Learning. Montreal, Canada: ACM, 2009.

［112］ Ranzato M. A．, Szummer M. Semi – supervised learning of compact document representations with deep networks ［C］ //Proceedings of the 25th International Conference on Machine learning. Helsinki, Finland: ACM, 2008.

［113］ Rattray M．, Saad D. Globally optimal on – line learning rules for multi – layer neural networks ［J］. Journal of Physics A: Mathematical and General, 1997, 30 (22): 771 – 776.

［114］ Rifai S．, Mesnil G．, Vincent P．, et al. Higher order contractive auto – encoder ［C］ // Machine Learning and Knowledge Discovery in Databases. Springer Berlin Heidelberg, 2011: 645 – 660.

［115］ Rifai S．, Vincent P．, Muller X．, et al. Contractive auto – encoders:

Explicit invariance during feature extraction [C] // The 28th International Conference on Machine Learning. Washington, USA: ACM, 2011.

[116] Rivest R. L. , Adleman L. , Dertouzos M. L. On data banks and privacy homomorphisms [J]. Foundations of Secure Computation, 1978, 4 (11): 169 – 180.

[117] Rodriguez A. , Laio A. Clustering by fast search and find of density peaks [J]. Science, 2014, 344 (6191): 1492 – 1496.

[118] Ruhmelhart D. E. , Hinton G. E. , Wiliams R. J. Learning representations by back – propagation errors [J]. Nature, 1986 (323): 533 – 536.

[119] Ruspini E. R. A new approach to clustering [J]. Information and Control, 1969, 15 (1): 22 – 32.

[120] Solomon K. , Bezdek J. C. Characterizing sprinkler distribution patterns with a clustering algorithm [J]. Transactions of the Asae, 1980, 23 (4): 0899 – 0902.

[121] Shi C. , Klein A. P. , Goggins M. , et al. Increased prevalence of precursor lesions in familial pancreatic cancer patients [J]. Clinical Cancer Research An Official Journal of the American Association for Cancer Research, 2009, 15 (24): 7737.

[122] Sun L. , Guo C. Incremental affinity propagation clustering based on message passing [J]. IEEE Transactions on Knowledge & Data Engineering, 2014, 26 (11): 2731 – 2744.

[123] Shalev – Shwartz S. Online learning and online convex optimization [J]. Foundations and Trends in Machine Learning, 2011, 4 (2): 107 – 194.

[124] Smart N. P. , Vercauteren F. Fully homomorphic encryption with relatively small key and ciphertext sizes [M]. Berlin, Heidelberg: Springer, 2010.

[125] Srivastava N. , Salakhutdinov R. Multimodal learning with deep boltz-mann machines [C] //Advances in Neural Information Processing Systems. Nevada, United States: MIT, 2012.

[126] Stehlé D. , Steinfeld R. Faster fully homomorphic encryption [M] // Advances in Cryptology –ASIACRYPT. Berlin, Heidelberg: Springer, 2010.

[127] Tao D. , Li X. , Wu X. , et al. General tensor discriminant analysis and gabor features for gait recognition [J]. IEEE Transactions on Pattern Analysis and Machine Intelligence, 2007, 29 (10): 1700 – 1715.

[128] Tzortzis G. , Likas A. The global kernel k – means clustering algorithm [C] . IEEE International Joint Conference on Neural Networks, 2008.

[129] UN Global Pulse. Big Data for Development: Challenges & Opportunities [R/OL]. http: //www. unglobalpulse. org/projects/BigDataforDevelopment, 2012 – 10 – 02.

[130] Van Dijk M. , Gentry C. , Halevi S. , et al. . Fully homomorphic en-cryption over the integers [M] // Advances in Cryptology – EUROCRYPT. Berlin, Heidelberg: Springer, 2010.

[131] Vanhoucke V. , Senior A. , Mao M. Z. Improving the speed of neural networks on CPUs [C] //Neural Information Processing Systems Conference Work-shop on Deep Learning and Unsupervised Feature Learning. Granada, Spain, MIT, 2011.

[132] Vincent P. , Larochelle H. , Bengio Y. , et al. Extracting and compos-ing robust features with denoising autoencoders [C] //The 25th International Con-ference on Machine learning. Helsinki, Finland: ACM, 2008.

[133] Vincent P. , Larochelle H. , Lajoie I. , et al. Stacked denoising autoen-coders: Learning useful representations in a deep network with a local denoising criteri-

on [J]. The Journal of Machine Learning Research, 2010 (11): 3371 – 3408.

[134] Vincent P. A connection between score matching and denoising autoencoders [J]. Neural Computation, 2011, 23 (7): 1661 – 1674.

[135] Wan S. , Banta L. E. Parameter incremental learning algorithm for neural networks [J]. IEEE Transactions on Neural Networks, 2006, 17 (6): 1424 – 1438.

[136] Wang Y. , Yu D. , Ju Y. , et al. Voice search [C] //Language Under – standing: Systems for Extracting Semantic Information From Speech. New York, USA: Wiley, 2011.

[137] West A. H. L. , Saad D. On – line learning with adaptive back – propagation in two – layer networks [J]. Physical Review E, 1997, 56 (3): 3426.

[138] Wu X. , Zhu X. , Wu G. Q. , et al. Data mining with big data [J]. IEEE Transactions on Knowledge and Data Engineering, 2014, 26 (1): 97 – 107.

[139] Xie Z. , et al. An enhanced possibilistic C – Means clustering algorithm EPCM [J]. Soft Computing – A Fusion of Foundations, Methodologies and Applications, 2008, 12 (6): 593 – 611.

[140] Xing E. P. , Yan R. , Hauptmann A. G. Mining associated text and images with dual – wing harmoniums [C]. The 21st Conference on Uncertainty in Artificial Intelligence (UAI – 2005), 2005.

[141] Yang M. , Lai C. A robust automatic merging possibilistic clustering method [J]. IEEE Transactions on Fuzzy Systems, 2011, 19 (1): 26 – 41.

[142] Yi Y. , Wu J. , Xu W. Incremental SVM based on reserved set for network intrusion detection [J]. Expert Systems with Applications, 2011, 38 (6): 7698 – 7707.

[143] Yuan J. , Yu S. Privacy preserving back – propagation neural network learning made practical with cloud computing [J]. IEEE Transactions on Parallel

and Distributed Systems, 2013, 25 (1): 212 – 221.

[144] Yang C. , Bruzzone L. , Guan R. , et al. Incremental and decremental affinity propagation for semisupervised clustering in multispectral images [J]. IEEE Transactions on Geoscience & Remote Sensing, 2013, 51 (3): 1666 – 1679.

[145] Zhang Q. , Yang L. T. , Chen Z. , et al. PPHOPCM: Privacy – preserving high – order possibilistic c – means algorithm for big data clustering with cloud computing [R]. IEEE Transactions on Big Data, 2017.

[146] Zemel R. S. Autoencoders, minimum description length and helmholtz free energy [C] //Advances in Neural Information Processing Systems, 1994.

[147] Zhang J. , Leung Y. W. Improved possibilistic C – means clustering algorithms [J]. IEEE Transactions on Fuzzy Systems, 2004, 12 (2): 209 – 217.

[148] Zhang K. , Chen X. Large – scale deep belief nets with MapReduce [J]. IEEE Access, 2014 (2): 395 – 403.

[149] Zhang Q. , Chen Z. , Lv A. A universal storage architecture for big data in cloud environment [C] //IEEE International Conference on Internet of Things, Beijing: IEEE, 2013.

[150] Zhang Q. , Chen Z. , Leng Y. Distributed fuzzy c – means algorithms for big sensor data based on cloud computing [J]. International Journal of Sensor Networks, 2015, 18 (1/2): 32.

[151] Zhang Q. , Chen Z. , Yang L. T. A nodes scheduling model based on markov chain prediction for big streaming data analysis [J]. International Journal of Communication Systems, 2015, 28 (9).

[152] Zhang Q. , Chen Z. , Zhao L. Multi – node scheduling algorithm based on clustering analysis and data partitioning in emergency management cloud [C] //International Conference on Web – Age Information Management. Springer Berlin Hei-

delberg, 2013.

[153] Zhang Q. , Chen Z. A weighted kernel possibilistic c – means algorithm based on cloud computing for clustering big data [J]. International Journal of Communication Systems, 2014, 27 (9): 1378 – 1391.

[154] Zhang Q. , Chen Z. A distributed weighted possibilistic c – means algorithm for clustering incomplete big sensor data [J]. International Journal of Distributed Sensor Networks, 2014.

[155] Zhang Q. , Yang L. T. , Chen Z. , et al. A high – order possibilistic c – means algorithm for clustering incomplete multimedia data [J]. IEEE Systems Journal, 2017, 11 (4): 2160 – 2169.